# 本書の特色と使い方

JN094413

## 自分で問題を解く力がつきます

教科書の学習内容をひとつひとつ丁寧に自分の力で解いていくことができるよう，解き方の見本やヒントを入れています。自分で問題を解く力がつき，楽しく確実に学習を進めていくことができます。

## 本書をコピー・印刷して教科書の内容をくりかえし練習できます

計算問題などは型分けした問題をしっかり学習したあと，いろいろな型を混合して出題しているので，学校での学習をくりかえし練習できます。
学校の先生方はコピーや印刷をして使えます。（本書 P128 をご確認ください）

## 学ぶ楽しさが広がり勉強がすきになります

計算問題は，めいろなどを取り入れ，楽しんで学習できるよう工夫しました。
楽しく学んでいるうちに，勉強がすきになります。

## 「ふりかえりテスト」で力だめしができます

「練習のページ」が終わったあと，「ふりかえりテスト」をやってみましょう。
「ふりかえりテスト」でできなかったところは，もう一度「練習のページ」を復習すると，力がぐんぐんついてきます。

## スタートアップ解法編 4 年　目次

## 1億より大きい数（1）　名前＿＿＿＿＿＿＿

● 日本の人口は，125900000 人です。

① 表に書きましょう。

| 千 | 百 | 十 | 一 | 千 | 百 | 十 | 一 | 千 | 百 | 十 | 一 |
|---|---|---|---|---|---|---|---|---|---|---|---|
| | | | 億 | | | | 万 | | | | |
| | | | | | | | | | | | |

② 千万の位の数を書きましょう。　☐

③ 一億の位の数を書きましょう。　☐

④ 一億は千万の何倍の数ですか。

| 千万 | 1 | 0 | 0 | 0 | 0 | 0 | 0 | 0 | |
|---|---|---|---|---|---|---|---|---|---|
| 一億 | 1 | 0 | 0 | 0 | 0 | 0 | 0 | 0 | 0 |

☐ 倍

⑤ 日本の人口を読んで，漢字で書きましょう。

（　　　　　　　　　　　　　　　）人

● 数の大きい方を通ってゴールしましょう。通った数に○をしましょう。

---

## 1億より大きい数（2）　名前＿＿＿＿＿＿＿

● 次の漢字の数を ☐ の中に数字で書きましょう。☐ に何倍になっているかを書きましょう。

いちおく
一億

| | | 1 | 0 | 0 | 0 | 0 | 0 | 0 | 0 |
|---|---|---|---|---|---|---|---|---|---|

↓ [10] 倍

十億

| | | | | | | | | | |
|---|---|---|---|---|---|---|---|---|---|

↓ ☐ 倍

百億

| | | | | | | | | | |
|---|---|---|---|---|---|---|---|---|---|

↓ ☐ 倍

千億

| | | | | | | | | | |
|---|---|---|---|---|---|---|---|---|---|

↓ ☐ 倍

いっちょう
一兆

| | | | | | | | | | | | |
|---|---|---|---|---|---|---|---|---|---|---|---|---|

## 1億より大きい数 (3)

● 次の数を表に書いて，読み方を漢字で書きましょう。

① 270 5040 0000

| 千 | 百 | 十 | 一 | 千 | 百 | 十 | 一 | 千 | 百 | 十 | 一 | 千 | 百 | 十 | 一 |
|---|---|---|---|---|---|---|---|---|---|---|---|---|---|---|---|
|  |  | 兆 |  |  |  | 億 |  |  |  | 万 |  |  |  |  |  |
|  |  |  |  |  | 2 | 7 | 0 | 5 | 0 | 4 | 0 | 0 | 0 | 0 | 0 |

読み方 （　　　　　　　　　　　　　　　　　　　　）

② 1006 0980 7000

| 千 | 百 | 十 | 一 | 千 | 百 | 十 | 一 | 千 | 百 | 十 | 一 | 千 | 百 | 十 | 一 |
|---|---|---|---|---|---|---|---|---|---|---|---|---|---|---|---|
|  |  | 兆 |  |  |  | 億 |  |  |  | 万 |  |  |  |  |  |
|  |  |  |  |  |  |  |  |  |  |  |  |  |  |  |  |

読み方 （　　　　　　　　　　　　　　　　　　　　）

③ 62 0030 9000 0000

| 千 | 百 | 十 | 一 | 千 | 百 | 十 | 一 | 千 | 百 | 十 | 一 | 千 | 百 | 十 | 一 |
|---|---|---|---|---|---|---|---|---|---|---|---|---|---|---|---|
|  |  | 兆 |  |  |  | 億 |  |  |  | 万 |  |  |  |  |  |
|  |  |  |  |  |  |  |  |  |  |  |  |  |  |  |  |

読み方 （　　　　　　　　　　　　　　　　　　　　）

④ 5020 0704 0200 0000

| 千 | 百 | 十 | 一 | 千 | 百 | 十 | 一 | 千 | 百 | 十 | 一 | 千 | 百 | 十 | 一 |
|---|---|---|---|---|---|---|---|---|---|---|---|---|---|---|---|
|  |  | 兆 |  |  |  | 億 |  |  |  | 万 |  |  |  |  |  |
|  |  |  |  |  |  |  |  |  |  |  |  |  |  |  |  |

読み方 （　　　　　　　　　　　　　　　　　　　　）

## 1億より大きい数 (4)

● 次の漢字を数字で書きましょう。

① 五千二百八億 四千六十万

| 千 | 百 | 十 | 一 | 千 | 百 | 十 | 一 | 千 | 百 | 十 | 一 | 千 | 百 | 十 | 一 |
|---|---|---|---|---|---|---|---|---|---|---|---|---|---|---|---|
|  |  | 兆 |  |  |  | 億 |  |  |  | 万 |  |  |  |  |  |
|  |  |  |  | 5 | 2 | 0 | 8 | 4 | 0 | 6 | 0 | 0 | 0 | 0 | 0 |

② 八十七兆 三千五億 二万

| 千 | 百 | 十 | 一 | 千 | 百 | 十 | 一 | 千 | 百 | 十 | 一 | 千 | 百 | 十 | 一 |
|---|---|---|---|---|---|---|---|---|---|---|---|---|---|---|---|
|  |  | 兆 |  |  |  | 億 |  |  |  | 万 |  |  |  |  |  |
|  |  |  |  |  |  |  |  |  |  |  |  |  |  |  |  |

③ 千二百十兆 七千八百億

| 千 | 百 | 十 | 一 | 千 | 百 | 十 | 一 | 千 | 百 | 十 | 一 | 千 | 百 | 十 | 一 |
|---|---|---|---|---|---|---|---|---|---|---|---|---|---|---|---|
|  |  | 兆 |  |  |  | 億 |  |  |  | 万 |  |  |  |  |  |
|  |  |  |  |  |  |  |  |  |  |  |  |  |  |  |  |

④ 九兆 五千百六十七億 二百万

| 千 | 百 | 十 | 一 | 千 | 百 | 十 | 一 | 千 | 百 | 十 | 一 | 千 | 百 | 十 | 一 |
|---|---|---|---|---|---|---|---|---|---|---|---|---|---|---|---|
|  |  | 兆 |  |  |  | 億 |  |  |  | 万 |  |  |  |  |  |
|  |  |  |  |  |  |  |  |  |  |  |  |  |  |  |  |

① 6758000000 を表に書き入れ，□にあてはまる数を書きましょう。

| 千 | 百 | 十 | 一 | 千 | 百 | 十 | 一 | 千 | 百 | 十 | 一 | 千 | 百 | 十 | 一 |
|---|---|---|---|---|---|---|---|---|---|---|---|---|---|---|---|
|  |  |  | 兆 |  |  |  | 億 |  |  |  | 万 |  |  |  |  |
|  |  |  |  |  |  | 6 | 7 | 5 | 8 | 0 | 0 | 0 | 0 | 0 | 0 |

① 6758000000 は，十億を□こ，一億を□こ，千万を□こ，百万を□こ 合わせた数です。

② 読み方を漢字で書きましょう。

(                                          )

② 次の数を下の表に書き入れましょう。
① 一兆を7こ，十億を2こ，百を3こ 合わせた数
② 百兆を8こ，百億を6こ，十億を5こ 合わせた数
③ 千兆を2こ，十兆を4こ，百億を7こ 合わせた数

| | 千 | 百 | 十 | 一 | 千 | 百 | 十 | 一 | 千 | 百 | 十 | 一 | 千 | 百 | 十 | 一 |
|---|---|---|---|---|---|---|---|---|---|---|---|---|---|---|---|---|
| | | | | 兆 | | | | 億 | | | | 万 | | | | |
| ① | | | | | | | | | | | | | | | | |
| ② | | | | | | | | | | | | | | | | |
| ③ | | | | | | | | | | | | | | | | |

● □にあてはまる数を書きましょう。

① ㋐ 700億は，1億を□こ 集めた数
　 ㋑ 700億は，10億を□こ 集めた数

| 千 | 百 | 十 | 一 | 千 | 百 | 十 | 一 | 千 | 百 | 十 | 一 | 千 | 百 | 十 | 一 |
|---|---|---|---|---|---|---|---|---|---|---|---|---|---|---|---|
|  |  |  | 兆 |  |  |  | 億 |  |  |  | 万 |  |  |  |  |
|  |  |  |  |  | 7 | 0 | 0 | 0 | 0 | 0 | 0 | 0 | 0 | 0 | 0 |

② ㋐ 3200億は，1億を□こ 集めた数
　 ㋑ 3200億は，10億を□こ 集めた数

| 千 | 百 | 十 | 一 | 千 | 百 | 十 | 一 | 千 | 百 | 十 | 一 | 千 | 百 | 十 | 一 |
|---|---|---|---|---|---|---|---|---|---|---|---|---|---|---|---|
|  |  |  | 兆 |  |  |  | 億 |  |  |  | 万 |  |  |  |  |
|  |  |  |  | 3 | 2 | 0 | 0 | 0 | 0 | 0 | 0 | 0 | 0 | 0 | 0 |

③ ㋐ 1兆は，1000億を□こ 集めた数
　 ㋑ 1兆は，100億を□こ 集めた数
　 ㋒ 1兆は，10億を□こ 集めた数

| 千 | 百 | 十 | 一 | 千 | 百 | 十 | 一 | 千 | 百 | 十 | 一 | 千 | 百 | 十 | 一 |
|---|---|---|---|---|---|---|---|---|---|---|---|---|---|---|---|
|  |  |  | 兆 |  |  |  | 億 |  |  |  | 万 |  |  |  |  |
|  |  |  | 1 | 0 | 0 | 0 | 0 | 0 | 0 | 0 | 0 | 0 | 0 | 0 | 0 |

## 1億より大きい数（7）

名前 _____

① ⑦〜⑰にあてはまる数を書きましょう。

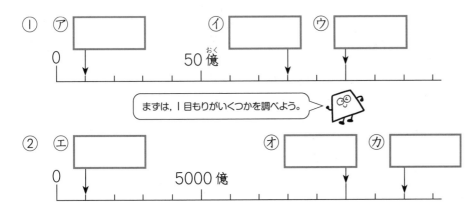

①
⑦ [　　] 　 ① [　　] 　 ⑰ [　　]
0 　　　　50億

まずは，1目もりがいくつかを調べよう。

②
⑭ [　　] 　　　　　　 ㋔ [　　] 　 ㋕ [　　]
0 　　5000億

② 次の数の大小を不等号を使って表しましょう。

100|0080|7000
のように下から4ケタずつ
区切るとよくわかるよ。

① 10000807000 [　] 9988705000

② 6702800000 [　] 6703000000

③ [0][1][2][3][4][5][6][7][8][9] の10まいのカードを使って
10けたの整数をつくりましょう。

① いちばん大きい数

② いちばん小さい数

| | | | | | | | | | |
|---|---|---|---|---|---|---|---|---|---|
| | | | | | | | | | |

---

## 1億より大きい数（8）

名前 _____

① 50億を10倍した数，100倍した数，$\frac{1}{10}$にした数を
書きましょう。

・10倍（　　　　　　）億　　・100倍（　　　　　　）億

・$\frac{1}{10}$（　　　　　　）億

| 千 | 百 | 十 | 一 | 千 | 百 | 十 | 一 | 千 | 百 | 十 | 一 | 千 | 百 | 十 | 一 |
|---|---|---|---|---|---|---|---|---|---|---|---|---|---|---|---|
| | | | 兆 | | | | 億 | | | | 万 | | | | |
| | | | | | | | 5 | 0 | 0 | 0 | 0 | 0 | 0 | 0 | 0 |

② 次の数を10倍した数を書きましょう。

① 200億（　　　　　）　② 8000億（　　　　　）

③ 4億　（　　　　　）

③ 次の数を100倍した数を書きましょう。

① 9億　（　　　　　）　② 3000億（　　　　　）

③ 70億（　　　　　）

④ 次の数を$\frac{1}{10}$にした数を書きましょう。

① 6億　（　　　　　）　② 3000億（　　　　　）

③ 400兆（　　　　　）

| 千 | 百 | 十 | 一 | 千 | 百 | 十 | 一 | 千 | 百 | 十 | 一 | 千 | 百 | 十 | 一 |
|---|---|---|---|---|---|---|---|---|---|---|---|---|---|---|---|
| | | | 兆 | | | | 億 | | | | 万 | | | | |
| | | | | | | | | | | | | | | | |

## 1億より大きい数 （9）

名前 _____

● 筆算でしましょう。

① 
```
      3 2 4
  ×   1 2 3
```
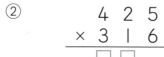

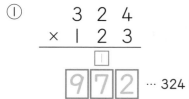
… 324 × 3
… 324 × 2
… 324 × 1

② 
```
      4 2 5
  ×   3 1 6
```

… 425 × 6
… 425 × 1
… 425 × 3

③
```
        5 6 4
  ×     2 7 5
```
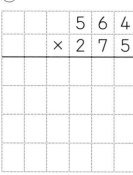

④
```
        6 1 7
  ×     4 2 1
```

## 1億より大きい数 （10）

名前 _____

● くふうして計算しましょう。

① 
```
      2 1 8
  ×   4 0 7
```
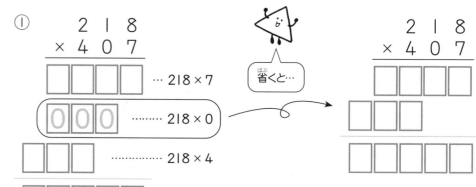

省くと…

… 218 × 7
… 218 × 0
… 218 × 4

```
      2 1 8
  ×   4 0 7
```

② 
```
        6 5 3
  ×     7 0 4
```

③ 
```
        3 0 6
  ×     5 0 8
```

④ 2300 × 4

⑤ 500 × 90

⑥ 4700 × 60

6

① 次の数について問いに答えましょう。(4×3)

3140726000000

① 3は何の位の数ですか。 [　] の位

② 7は何の位の数ですか。 [　] の位

③ 千億の位の数は何ですか。 [　]

② 次の数を数字で書きましょう。(8×3)

① 二百三十億八十三万

② 一兆を5こと一億を7こ合わせた数

③ 一億を4200こ集めた数

③ 800億を10倍、100倍、$\frac{1}{10}$にした数をそれぞれ書きましょう。(8×3)

10倍　（　　　）

100倍　（　　　）

$\frac{1}{10}$　（　　　）

④ 次の数直線の⑦、①の数を書きましょう。(4×2)

0　　　　500億

⑦ [　]

① [　]

⑤ 次の数の大小を不等号を使って表しましょう。(8×2)

① 8001250000 [　] 8010000000

② 12340000 [　] 9876500

⑥ 次の計算をしましょう。(8×2)

①
```
    4 3 2
×   2 6 3
```

②
```
    5 0 7
×   7 2 5
```

# 折れ線グラフ（1）

● 山口県下関市の気温の変わり方を下のようなグラフに表しました。グラフについて答えましょう。

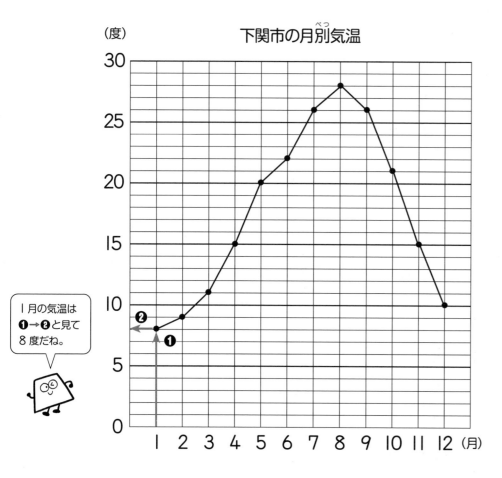

下関市の月別気温

1月の気温は
❶→❷と見て
8度だね。

気温のように変わっていくもののようすを表すときは
折れ線グラフ を使います。

① グラフのたてじくと横じくは，それぞれ何を表していますか。

たてじく （　　　　） 　　　横じく （　　　　）

② 6月の気温は何度ですか。 （　　　　）度

③ 気温がもっとも高いのは，何月で，何度ですか。

（　　　）月で（　　　）度

④ 気温の上がり方が一番大きいのは，何月から何月の間ですか。

（　　　）月から（　　　）月

⑤ 気温の下がり方が一番大きいのは，何月から何月の間ですか。

（　　　）月から（　　　）月

折れ線グラフでは，線のかたむきで変わり方がわかります。
線のかたむきが急なほど変わり方が大きいことを表します。

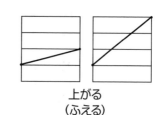

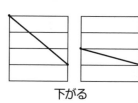

上がる
（ふえる）　　　変わらない　　　下がる
（へる）

## 折れ線グラフ (2)

名前 _____

● 仙台市の気温の変わり方を，折れ線グラフに表しましょう。

### 仙台市の月別気温

| 月 | 1 | 2 | 3 | 4 | 5 | 6 | 7 | 8 | 9 | 10 | 11 | 12 |
|---|---|---|---|---|---|---|---|---|---|---|---|---|
| 気温（度） | 2 | 4 | 7 | 10 | 17 | 19 | 22 | 26 | 23 | 17 | 10 | 5 |

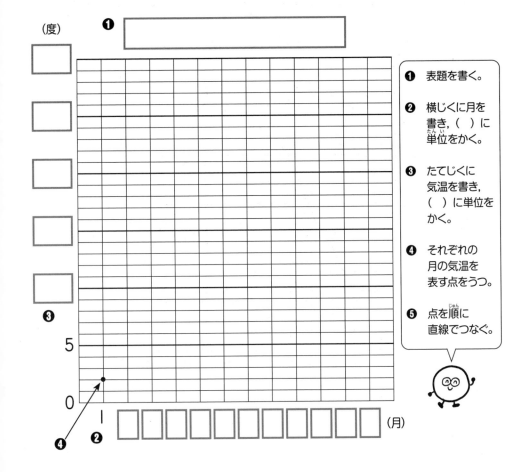

❶ 表題を書く。

❷ 横じくに月を書き，（ ）に単位をかく。

❸ たてじくに気温を書き，（ ）に単位をかく。

❹ それぞれの月の気温を表す点をうつ。

❺ 点を順に直線でつなぐ。

## 折れ線グラフ (3)

名前 _____

● とうまさんの6才から10才までの身長の変わり方を折れ線グラフに表しましょう。

### 身長しらべ

| 年れい | 6 | 7 | 8 | 9 | 10 |
|---|---|---|---|---|---|
| 身長（cm） | 116 | 122 | 128 | 133 | 138 |

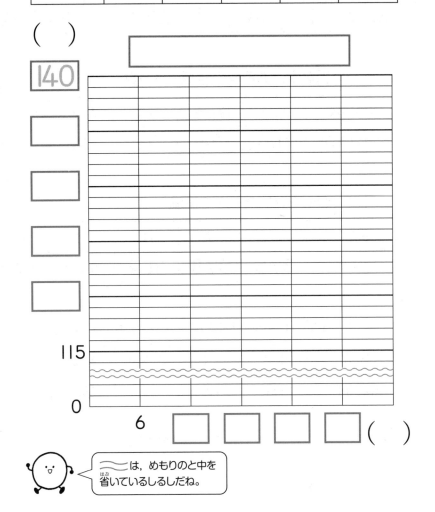

〜〜は，めもりのと中を省いているしるしだね。

9

## 折れ線グラフ（4）

名前 _____

● 次の中で折れ線グラフに表すとよいものはどれですか。
（　）に○をつけましょう。

① （　　　）１日の気温

| 時こく | 午前9 | 10 | 11 | 12 | 午後1 | 2 | 3 |
|---|---|---|---|---|---|---|---|
| 気温（度） | 16 | 18 | 19 | 22 | 24 | 25 | 22 |

② （　　　）図書室にある本の種類とさっ数

| 本の種類 | 物語 | 図かん | 絵本 | 伝記 | その他 |
|---|---|---|---|---|---|
| さっ数（さつ） | 106 | 58 | 72 | 34 | 235 |

③ （　　　）かぜをひいたときの体温

| 時こく | 午前8 | 9 | 10 | 11 | 12 |
|---|---|---|---|---|---|
| 体温（度） | 37.5 | 37.8 | 38.2 | 37.6 | 37.2 |

④ （　　　）午前10時の日本のいろいろな都市の気温

| 都市 | 東京 | 大阪 | 名古屋 | 福岡 |
|---|---|---|---|---|
| 気温（度） | 15 | 18 | 16 | 20 |

## 折れ線グラフ（5）

名前 _____

● 下のグラフは，東京の月別の気温を表したものです。
このグラフに，シドニー（オーストラリア）の月別の気温を
赤色で表し，気がついたことを書きましょう。

シドニーの月別気温

| 月 | 1 | 2 | 3 | 4 | 5 | 6 | 7 | 8 | 9 | 10 | 11 | 12 |
|---|---|---|---|---|---|---|---|---|---|---|---|---|
| 気温（度） | 26 | 26 | 25 | 23 | 20 | 18 | 17 | 18 | 20 | 22 | 24 | 25 |

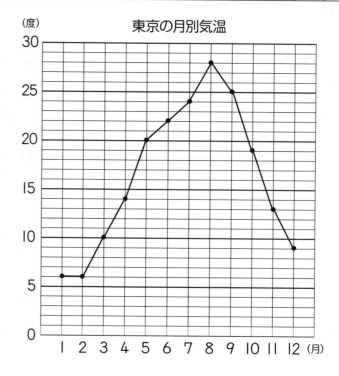

東京の月別気温

# 整理のしかた（1）

名前

下の㋐の表は，ある学校の１週間のけがの記録（きろく）です。どんな場所で，どんなけがが多いかを，㋑の表にまとめましょう。

㋐　けがの記録

| 学年 | 場所 | けがの種類 |
|---|---|---|
| 3 | 運動場 | 切りきず |
| 5 | 教　室 | 切りきず |
| 3 | 体育館 | つきゆび |
| 4 | 教　室 | すりきず |
| 6 | 体育館 | すりきず |
| 2 | 教　室 | すりきず |
| 1 | ろうか | 打ぼく |
| 2 | 体育館 | 切りきず |
| 5 | 運動場 | ねんざ |
| 3 | 運動場 | すりきず |
| 3 | ろうか | 打ぼく |
| 1 | 運動場 | すりきず |
| 6 | 体育館 | 切りきず |
| 2 | 運動場 | 切りきず |
| 4 | 運動場 | すりきず |

㋑　けがの種類（しゅるい）とけがをした場所（人）

| 場所＼種類 | 切りきず | つきゆび | すりきず | 打ぼく | ねんざ | 合　計 |
|---|---|---|---|---|---|---|
| 運動場 | あ | | | | | |
| ろうか | | | | | | |
| 教　室 | | | い | | | え |
| 体育館 | | | | | | |
| 合　計 | | う | | | | |

①　あ～えは，それぞれどのような人を表していますか。

あ　（ 運動場 ）で（ 切りきず ）のけがをした人

い　（　　　　）で（　　　　）のけがをした人

う　（　　　　）のけがをした人

え　（　　　　）でけがをした人

②　人数を書いて表をかんせいさせましょう。

③　どこでどんなけがをした人がいちばん多いですか。

（　　　　）で

（　　　　　　）

④　体育館ではどんなけがが多いですか。

（　　　　　　）

## 整理のしかた（2）

名前 _____

● 4年生20人に夏休みに海やプールに行ったかどうかを調べました。

① 調べたことを下の表にまとめましょう。

海やプールに行った人数調べ（人）

| | | プール | | 合計 |
|---|---|---|---|---|
| | | 行った | 行っていない | |
| 海 | 行った | ㋐ | | |
| | 行っていない | | ㋑ | |
| | 合計 | | | |

② 海にだけ行った人は何人ですか。

（　　　）人

③ 海とプールどちらにも行った人は何人ですか。

（　　　）人

④ 海とプールどちらにも行っていない人は何人ですか。

（　　　）人

㋐は，海とプールどちらにも行った人（○，○），㋑は，海とプールどちらにも行っていない人（×，×）の数が入るね。

| 番号 | 海 | プール |
|---|---|---|
| 1 | ○ | ○ |
| 2 | × | ○ |
| 3 | × | × |
| 4 | × | ○ |
| 5 | ○ | × |
| 6 | ○ | ○ |
| 7 | ○ | × |
| 8 | ○ | ○ |
| 9 | × | × |
| 10 | × | ○ |
| 11 | ○ | ○ |
| 12 | × | × |
| 13 | × | ○ |
| 14 | ○ | × |
| 15 | ○ | × |
| 16 | × | ○ |
| 17 | × | ○ |
| 18 | × | ○ |
| 19 | × | ○ |
| 20 | ○ | ○ |

○…行った　×…行っていない

| | 人数（人） |
|---|---|
| ○，○ | |
| ○，× | |
| ×，○ | |
| ×，× | |

---

## 整理のしかた（3）

名前 _____

● 子ども会25人で遠足に行くのに，おやつのアンケートをとると，次のような結果になりました。

| どちらかに○をつけてください |
|---|
| クッキー ・ ポテトチップス |
| りんごジュース ・ オレンジジュース |

| りんごジュースを選んだ人……………15人 |
|---|
| クッキーを選んだ人……………………16人 |
| クッキーとりんごジュースを選んだ人…10人 |

① 4つに分類して，下の表に整理しましょう。

おやつ調べ（人）

| | りんごジュース | オレンジジュース | 合計 |
|---|---|---|---|
| クッキー | 10 | | 16 |
| ポテトチップス | | | |
| 合計 | 15 | | 25 |

② 次の人数は，それぞれ何人ですか。

クッキーとオレンジジュースを選んだ人　…（　　　）人

ポテトチップスとりんごジュースを選んだ人　…（　　　）人

ポテトチップスとオレンジジュースを選んだ人…（　　　）人

12

## わり算の筆算① (1)

2けた÷1けた＝1けた

名前 _____

□ 17 ÷ 5 を筆算でしましょう。

❶たてる $5 \times 2 = 10$ $5 \times \boxed{3} = 15$ $5 \times 4 = 20$ ⋮

❷かける $5 \times 3 = 15$

❸ひく $17 - 15 = 2$

② ① 7)53  ② 6)48  ③ 3)22

④ 8)35  ⑤ 9)72

3年生で習ったわり算も筆算でできるね。

## わり算の筆算① (2)

2けた÷1けた＝2けた

名前 _____

□ 84 ÷ 3 を筆算でしましょう。

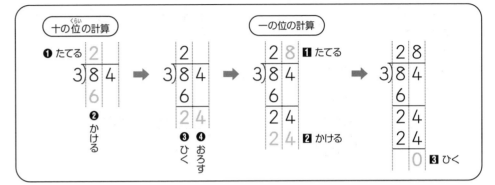

十の位の計算　　一の位の計算

❶たてる　❷かける　❸ひく　❹おろす
❶たてる　❷かける　❸ひく

② ① 7)98  ② 4)76  ③ 4)52

④ 5)60  ⑤ 2)94

①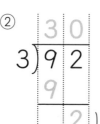

8－8＝0の 0は書かなくて もいいね。

②  →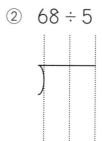

省りゃくして 計算することも できるよ。

③

2 ) 7 5

④

6 ) 6 3

⑤

3 ) 5 2

⑥

8 ) 9 8

⑦

4 ) 8 4

⑧

2 ) 6 0

① 96 ÷ 4

② 68 ÷ 5

③ 87 ÷ 6

④ 73 ÷ 2

⑤ 57 ÷ 3

⑥ 65 ÷ 6

● 答えの大きい方を通ってゴールしましょう。通った答えを下の □ に書きましょう。

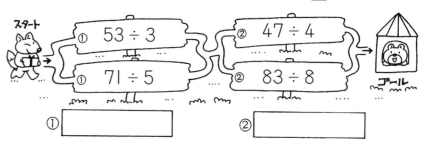

① 53 ÷ 3
① 71 ÷ 5
② 47 ÷ 4
② 83 ÷ 8

①

②

2けた÷1けた＝2けた

名前

① 81 ÷ 6

② 49 ÷ 2

③ 72 ÷ 7

④ 58 ÷ 5

⑤ 67 ÷ 4

● 答えの大きい方を通ってゴールしましょう。通った答えを下の □ に書きましょう。

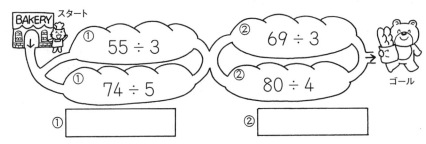

スタート

① 55 ÷ 3

① 74 ÷ 5

② 69 ÷ 3

② 80 ÷ 4

ゴール

①

②

名前

● 次の計算をして，答えのたしかめもしましょう。

① 62 ÷ 5

```
      1 2
   ┌──────
 5 ) 6 2
     5
   ──────
     1 2
     1 0
   ──────
       2
```

たしかめ

| わる数 | | 商 | | あまり | | わられる数 |
|---|---|---|---|---|---|---|
| 5 | × | 12 | + | 2 | = | 62 |

② 85 ÷ 6

たしかめ

□ × □ + □ = □

③ 78 ÷ 4

たしかめ

□ × □ + □ = □

④ 64 ÷ 5

たしかめ

□ × □ + □ = □

15

1 586 ÷ 2 を筆算でしましょう。

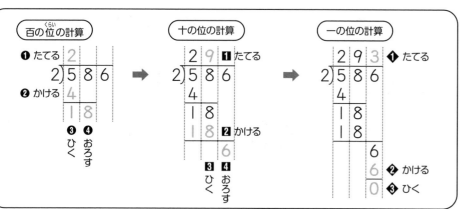

2 ①

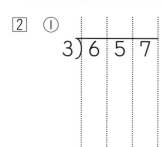

②

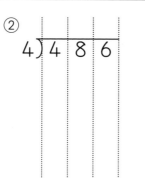

③

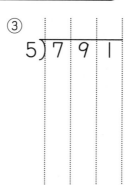

④

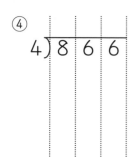

⑤

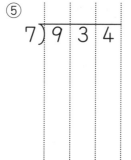

①

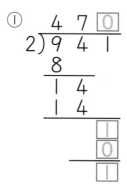

②

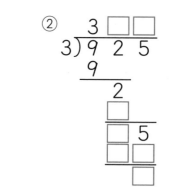

③

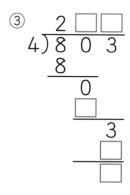

④

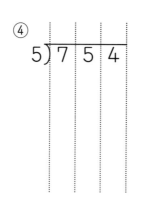

⑤

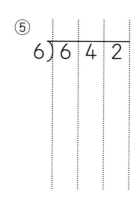

⑥

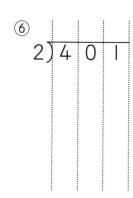

⑦

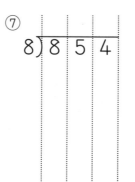

⑧

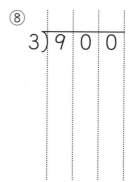

1 　362 ÷ 5 を筆算でしましょう。

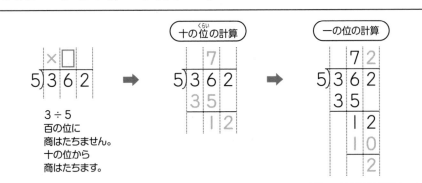

十の位の計算　　一の位の計算

3÷5
百の位に
商はたちません。
十の位から
商はたちます。

2 ① 
7)423

② 
8)205

③ 
9)723

④ 
7)618

⑤ 
6)570

① 
8)485

② 
9)836

③ 
7)503

④ 
6)598

⑤ 
3)251

● 答えの大きい方を通ってゴールしましょう。通った答えを下の □ に書きましょう。

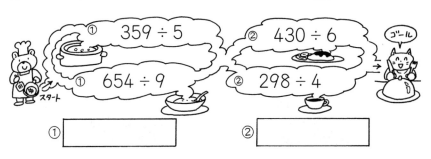

① 359 ÷ 5
① 654 ÷ 9
② 430 ÷ 6
② 298 ÷ 4

① 　　　　　　②

3けた÷1けた＝2けた，3けた

① 715 ÷ 8

② 831 ÷ 5

③ 564 ÷ 7

④ 377 ÷ 9

⑤ 400 ÷ 6

⑥ 684 ÷ 4

3けた÷1けた＝2けた，3けた

① 768 ÷ 9

② 479 ÷ 8

③ 511 ÷ 3

④ 304 ÷ 7

⑤ 625 ÷ 6

● 答えの大きい方を通ってゴールしましょう。通った答えを下の □ に書きましょう。

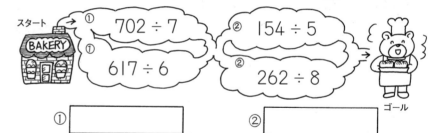

スタート
① 702 ÷ 7
① 617 ÷ 6
② 154 ÷ 5
② 262 ÷ 8
ゴール

① □　② □

## わり算の筆算① (13)

名前 _____

① 82 この クッキーを 1人に 7こずつ 分けると，
何人に 分けられて，何こ あまりますか。

式

答え _____

② 54cm の リボンを 4cm ずつに 切ります。
4cm の リボンは 何本 とれますか。

式

答え _____

③ だがしやで ガムを 5こ 買うと，95円でした。
1こ の ガムの ねだんは 何円ですか。

式

答え _____

## わり算の筆算① (14)

名前 _____

① 245まい の 色紙が あります。6人で 同じ数ずつ 分けると，
1人分は 何まい に なりますか。また，何まい あまりますか。

式

答え _____

② 5人で お金を 同じ 金がくずつ 出し合って，
920円の 花たばを 買います。1人 何円ずつ 出せば よいですか。

式

答え _____

③ 192dL の ジュースを 8dL ずつびんに 入れます。
びんは 何こ いりますか。

式

答え _____

# ふりかえりテスト わり算の筆算①

名前 _____

## 1 次の計算を筆算でしましょう。(8×5)

① 79÷5

② 61÷3

③ 88÷6

④ 46÷2

⑤ 93÷7

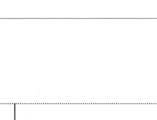

## 2 91まいの色紙を7人で同じ数ずつ分けます。1人分は何まいになりますか。(10)

式

答え _____

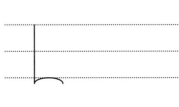

## 3 次の計算を筆算でしましょう。(10×4)

① 761÷8

② 538÷9

③ 690÷7

④ 837÷4

## 4 320cmのひもを6cmずつに切ります。6cmのひもは何本できて、何cmあまりますか。(10)

式

答え _____

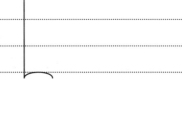

20

## 角の大きさ（1）

● 下の ⬚ からことばを選んで〔　〕に書きましょう。

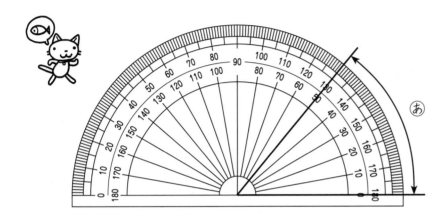

① 角の大きさを何といいますか。　　　　〔　　　　　〕

② 直角を 90 に等分した
　 1 つ分の角の大きさは何度ですか。　〔　　　　　〕

③ ⑧ の角の大きさは何度ですか。　　　〔　　　　　〕

④ 直角の 2 つ分（2 直角）は何度ですか。〔　　　　　〕

⑤ 1 回転（4 直角）は何度ですか。　　　〔　　　　　〕

| 50° | 130° | 180° | 360° |
|---|---|---|---|

角度　1 度（1°）

## 角の大きさ（2）

● 角度をはかります。分度器のめもりをよみましょう。

① 
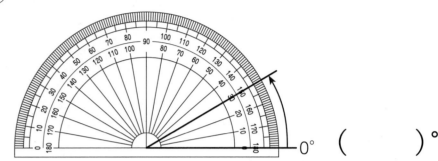
0°（　　　　）°

② 
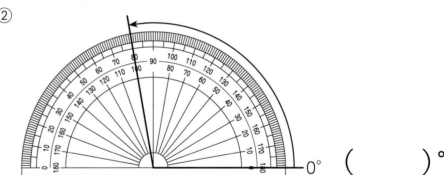
0°（　　　　）°

③ 
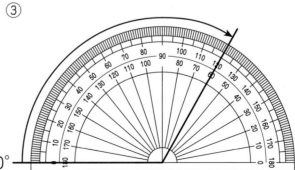
0°（　　　　）°

右からよむめもりと
左からよむめもりが
あるよ。

21

## 角の大きさ（3）

名前 _____

● 分度器を使って，㋐〜㋔ の角度をはかりましょう。

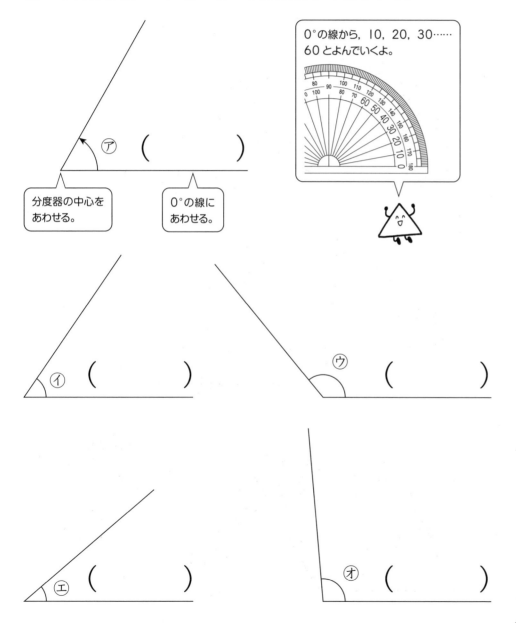

㋐　（　　　　　）

分度器の中心を
あわせる。

0°の線に
あわせる。

0°の線から，10，20，30……
60 とよんでいくよ。

㋑　（　　　　　）

㋒　（　　　　　）

㋓　（　　　　　）

㋔　（　　　　　）

## 角の大きさ（4）

名前 _____

● 分度器を使って，㋐〜㋓ の角度をはかりましょう。

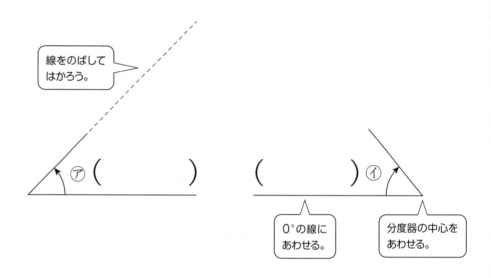

線をのばして
はかろう。

㋐（　　　　　）

（　　　　　）㋑

0°の線に
あわせる。

分度器の中心を
あわせる。

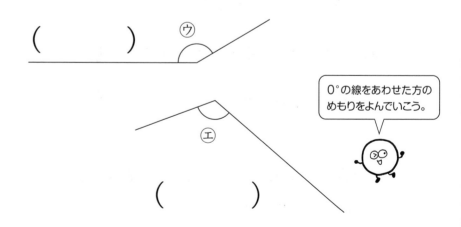

（　　　　　）㋒

㋓

（　　　　　）

0°の線をあわせた方の
めもりをよんでいこう。

22

## 角の大きさ（5）

名前 _____

① ⑦ の角度をくふうして
はかりましょう。

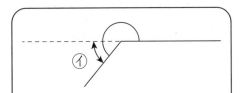

2直角 = [ ]°
180° + ④
180 + [ ] = [ ]

答え _____

4直角 = [ ]°
360° − ⑦
360 − [ ] = [ ]

答え _____

② ⑦, ⑦ の角度をくふうしてはかりましょう。

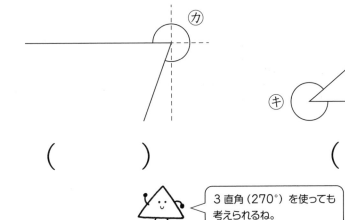

( )

( )

3直角（270°）を使っても
考えられるね。

## 角の大きさ（6）

名前 _____

● ⑦〜⑦ の角度を計算で求めましょう。

1直線（2直角）は
180°だね。

⑦ 式
180 − [ ] = ( )

( )

④ 式

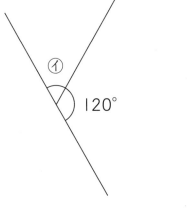

( )

⑦ 式

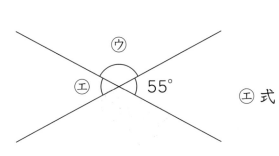

( )

⑦ 式

( )

23

## 角の大きさ（7）

名前 _____

● 点を中心として，矢印（やじるし）の方向に角をかきましょう。

① 60°

分度器の中心を
あわせる。

0°の線に
あわせる。

② 135°

③ 80°

## 角の大きさ（8）

名前 _____

● 点を中心として，矢印（やじるし）の方向に角をかきましょう。

① 210°

180°＋ 30 °
＝210° だね。

② 340°

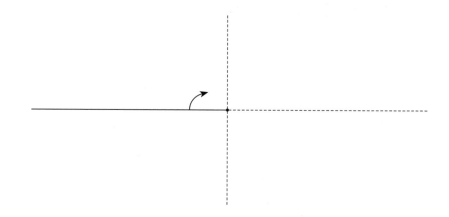

24

● 1組の三角じょうぎを組み合わせてできる ㋐〜㋔ の角度は
何度ですか。

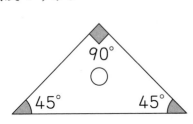

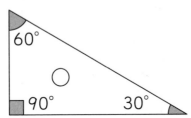

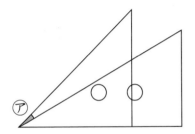

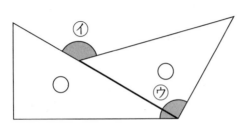

㋐ 式

（　　　　　）

㋑ 式

（　　　　　）

㋒ 式

（　　　）

㋓ 式

（　　　）

● 下の図のような三角形をかきましょう。

①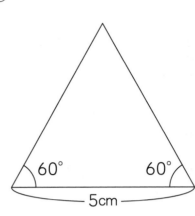

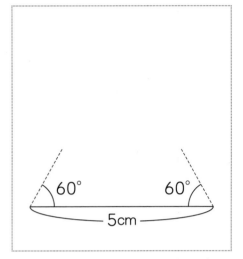

②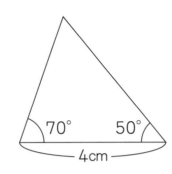

25

1 分度器を使って角度をはかりましょう。(10×3)

① (　　)

② (　　)

③ (　　)

2 点を中心として矢印の方向に角を
かきましょう。(15×2)

① 20°

② 160°

3 次の⑦, ㋖の角度を計算で求めましょう。
(10×2)

100°

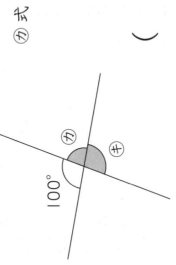

㋖ 式

⑦ 式 (　　)

㋖ 式 (　　)

4 1組の三角じょうぎを組み合わせてでき
る⑦, ㋑の角度は何度ですか。(10×2)

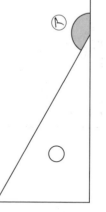

⑦ 式 (　　)

㋑ 式 (　　)

26

## 小数 (1)

名前 _____

● 水のかさを L を単位として小数で表しましょう。

①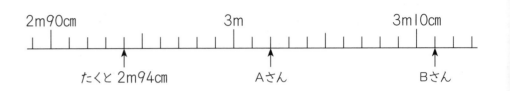

> 0.1L を 10 等分した 1こぶんは 0.01L

| 1L | 0.1L | 0.01L |
|---|---|---|
| 1 | 2 | 1 |

(　　　　)L

②

| 1L | 0.1L | 0.01L |
|---|---|---|
| | | |

(　　　　)L

③

| 1L | 0.1L | 0.01L |
|---|---|---|
| | | |

(　　　　)L

④

| 1L | 0.1L | 0.01L |
|---|---|---|
| | | |

(　　　　)L

⑤

| 1L | 0.1L | 0.01L |
|---|---|---|
| | | |

(　　　　)L


## 小数 (2)

名前 _____

● 下の数直線は, たくとさんたちの走りはばとびの記録です。

2m90cm　　　　　3m　　　　　3m10cm

たくと 2m94cm　　　Aさん　　　Bさん

① たくとさんの記録を m を単位として小数で表します。
　　□ にあてはまる数を書きましょう。

2m94cm

1m が [ 2 ] こで [　　] m

0.1m が [ 9 ] こで [　　] m

0.01m が [ 4 ] こで [　　] m

_____

あわせて [　　] m

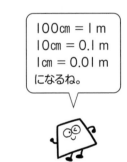

> 100cm = 1m
> 10cm = 0.1m
> 1cm = 0.01m
> になるね。

② A さん, Bさんの記録を m を単位とし, 小数で表しましょう。
　　□ にあてはまる数を書きましょう。

Aさん [　　] m [　　] cm = [　　] m

Bさん [　　] m [　　] cm = [　　] m

## 小数 (3)

① 次の重さを表に書き入れて，kg を単位として表しましょう。

① 2kg 527g

| 1kg | 0.1kg (100g) | 0.01kg (10g) | 0.001kg (1g) |
|---|---|---|---|
| 2 | 5 | 2 | 7 |

(　　　　　)kg

② 3kg 800g

| 1kg | 0.1kg (100g) | 0.01kg (10g) | 0.001kg (1g) |
|---|---|---|---|
| | | | |

(　　　　　)kg

③ 726g

| 1kg | 0.1kg (100g) | 0.01kg (10g) | 0.001kg (1g) |
|---|---|---|---|
| | | | |

(　　　　　)kg

② 次の長さを表に書き入れて，km を単位として表しましょう。

① 1km 350m

| 1km | 0.1km (100m) | 0.01km (10m) | 0.001km (1m) |
|---|---|---|---|
| | | | |

(　　　　　)km

② 204m

| 1km | 0.1km (100m) | 0.01km (10m) | 0.001km (1m) |
|---|---|---|---|
| | | | |

(　　　　　)km

## 小数 (4)

① 1，0.1，0.01，0.001 の関係について，□ にあてはまる数を書きましょう。

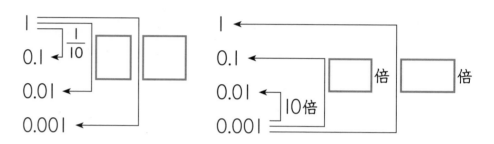

② 5.746 という数について，□ にあてはまる数を書きましょう。

| 一の位 | $\frac{1}{10}$ の位 | $\frac{1}{100}$ の位 | $\frac{1}{1000}$ の位 |
|---|---|---|---|
| 5 | 7 | 4 | 6 |

① 5.746 の $\frac{1}{100}$ の位の数字は，□ です。

② 5.746 の 6 は，□ の位の数字で，0.001 が □ こあることを表しています。

③ 5.746 は，1 を □ こ，0.1 を □ こ，0.01 を □ こ 0.001 を □ こ あわせた数です。

④ $\frac{1}{10}$ の位，$\frac{1}{100}$ の位，$\frac{1}{1000}$ の位を，それぞれ 小数第一位，□ ，□ ともいいます。

28

□ 1.32, 1.302, 1.318 を小さい順にならべましょう。

① 右の表に
数を書き入れて,
大きさを
くらべましょう。

| 一 | $\frac{1}{10}$ | $\frac{1}{100}$ | $\frac{1}{1000}$ |
|---|---|---|---|
| 1 | 3 | 2 | |
| | | | |
| | | | |

② 数直線に ↑ で数を表しましょう。

1.3　　　　　1.31　　　　　1.32

③ ( ) に数を書きましょう。

( 　　　 ) < ( 　　　 ) < ( 　　　 )

② □ にあてはまる不等号を書きましょう。

① 0.907 □ 0.91

| 一 | $\frac{1}{10}$ | $\frac{1}{100}$ | $\frac{1}{1000}$ |
|---|---|---|---|
| | | | |
| | | | |

② 0.01 □ 0.008

| 一 | $\frac{1}{10}$ | $\frac{1}{100}$ | $\frac{1}{1000}$ |
|---|---|---|---|
| | | | |
| | | | |

□ 0.83 を 10 倍, 100 倍した数を書きましょう。
また, $\frac{1}{10}$ にした数を書きましょう。

小数を 10 倍すると,
位は 1 けたずつ上がり,
$\frac{1}{10}$ にすると,
位は 1 けたずつ下がるよ。

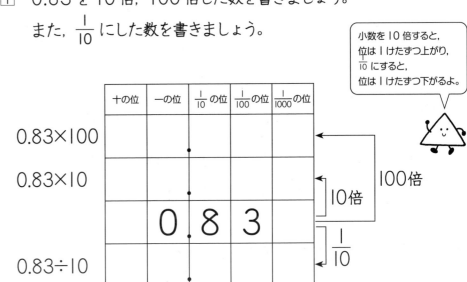

| | 十の位 | 一の位 | $\frac{1}{10}$ の位 | $\frac{1}{100}$ の位 | $\frac{1}{1000}$ の位 |
|---|---|---|---|---|---|
| 0.83×100 | | | | | |
| 0.83×10 | | | | | |
| | 0 | 8 | 3 | | |
| 0.83÷10 | | | | | |

100倍　10倍　$\frac{1}{10}$

② 次の数字を 10 倍, 100 倍にした数を書きましょう。

① 0.04　　10倍 ( 　　　 )　　100倍 ( 　　　 )

② 7.16　　10倍 ( 　　　 )　　100倍 ( 　　　 )

③ 次の数字を $\frac{1}{10}$ , $\frac{1}{100}$ にした数を書きましょう。

① 9.2　$\frac{1}{10}$ ( 　　　 )　$\frac{1}{100}$ ( 　　　 )

② 6　$\frac{1}{10}$ ( 　　　 )　$\frac{1}{100}$ ( 　　　 )

## 小数 (7)

① 図を見て，（　　）にあてはまる数を書きましょう。

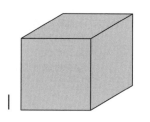 1　　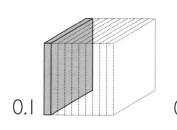 0.1　　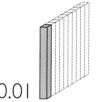 0.01

① 0.1は，0.01を（　　　　　）こ 集めた数です。

② 1は，0.01を（　　　　　）こ 集めた数です。

② 3.27は，0.01を何こ 集めた数ですか。

3は，　　0.01を（　　　　　）こ

0.2は，0.01を（　　　　　）こ

0.07は，0.01を（　　　　　）こ

3.27は，0.01を（　　　　　）こ 集めた数

| 一 | $\frac{1}{10}$ | $\frac{1}{100}$ |
|---|---|---|
| 3 . | 2 | 7 |
| 0 . | 0 | 1 |

③ 次の数字は，0.01を何こ 集めた数ですか。

① 0.58　　（　　　　　）こ

② 7.06　　（　　　　　）こ

③ 4.7　　（　　　　　）こ

| 一 | $\frac{1}{10}$ | $\frac{1}{100}$ |
|---|---|---|
| 0 . | 5 | 8 |
| . |  |  |
| . |  |  |
| 0 . | 0 | 1 |

## 小数 (8)

● 次の数について，□にあてはまる数を書きましょう。

㋐ 8.12

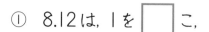

① 8.12は，1を□こ，

0.1を□こ，0.01を□こ あわせた数です。

② 8.12は，0.01を□こ 集めた数です。

③ 8.12を$\frac{1}{10}$にした数は□です。

㋑ 2.067

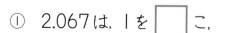

① 2.067は，1を□こ，

0.01を□こ，0.001を□こ あわせた数です。

② 2.067の$\frac{1}{1000}$の位の数字は□です。

③ 2.067を100倍にした数は□です。

● 数の大きい方を通ってゴールしましょう。通った数に○をしましょう。

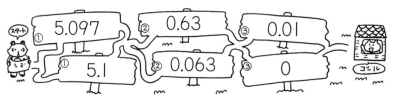

1 ①

```
   3.57
 + 4.12
 ─────
   7.69
```

②

```
   0.16
 + 8.29
 ─────
```

③

```
   7.95
 + 3.08
 ─────
```

❶ 位をそろえて書く。
❷ 整数のたし算と同じように計算する。
❸ 上の小数点にそろえて和の小数点をうつ。

④

```
   6.44
 + 7.27
 ─────
```

⑤

```
   0.43
 + 0.58
 ─────
```

2 ① 0.96+0.35

② 1.62+7.19

③ 0.08+2.07

④ 6.89+2.54

⑤ 4.06+3.92

① 5.4+3.21

```
   5.4
 + 3.21
 ─────
   8.61
```

② 2.38+0.52

```
   2.38
 + 0.52
 ─────
   2.90
```

③ 0.43+6.57

```
   0.43
 + 6.57
 ─────
   7.00
```

④ 5.63+0.8

⑤ 2.05+6.95

⑥ 0.07+0.4

⑦ 1.04+7.56

⑧ 9+4.15

⑨ 6.19+3.81

⑩ 10.26+5.8

# 小数 （11）
小数のたし算

名前

① 6.05+2.67

② 4.13+0.47

③ 3.95+0.05

④ 6.28+9

⑤ 7.86+8.3

⑥ 5.72+4.98

⑦ 0.08+0.96

⑧ 0.3+9.04

● 答えの大きい方を通ってゴールしましょう。通った答えを下の □ に書きましょう。

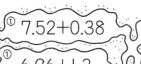 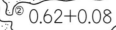  

① 7.52+0.38
① 6.96+1.3
② 0.4+0.33
② 0.62+0.08
ゴール

① 
② 

# 小数 （12）
小数のひき算

名前

① ①
```
   8.76
-  4.53
-------
   4.23
```

② 
```
   3.52
-  2.42
-------
   1.10
```

③ 
```
   7.05
-  0.96
```

④ 
```
   6.12
-  1.83
```

⑤ 
```
   3.01
-  0.38
```

⑥ 
```
   5.64
-  3.98
```

② ① 4.15−0.16

② 1.93−0.08

③ 0.68−0.29

④ 7.24−3.44

⑤ 8.05−0.79

32

# 小数（13）
小数のひき算　　　名前

① 5.74 − 2.9

```
    5 . 7 4
−   2 . 9 ⓞ
───────────
    2 . 8 4
```

② 7.35 − 6.38

```
    7 . 3 5
−   6 . 3 8
───────────
    0 . 9 7
```

③ 8 − 4.17
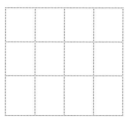
```
    8 . ⓞ ⓞ
−   4 . 1 7
───────────
    3 . 8 3
```

④ 4.02 − 4

⑤ 6.7 − 4.93
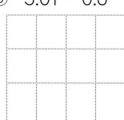

⑥ 3 − 0.02

⑦ 2.38 − 1.58

⑧ 5.01 − 0.6

⑨ 2.34 − 1.8

⑩ 10 − 9.45
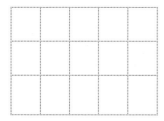

# 小数（14）
小数のひき算　　　名前

① 0.43 − 0.18
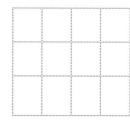

② 2.2 − 1.93
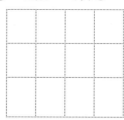

③ 1.15 − 0.26
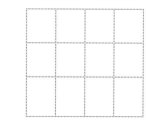

④ 6 − 5.18
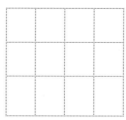

⑤ 7.49 − 5.8
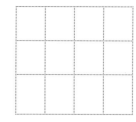

⑥ 12.3 − 8.46
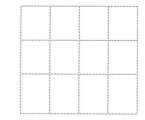

⑦ 9.22 − 8.52
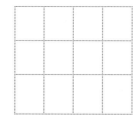

⑧ 0.3 − 0.15

● 答えの大きい方を通ってゴールしましょう。通った答えを下の ☐ に書きましょう。

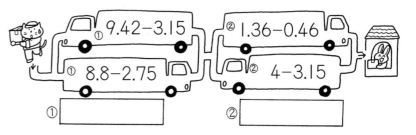

① 9.42−3.15　② 1.36−0.46
① 8.8−2.75　② 4−3.15

①
②

33

## 小数 （15）

名前 _____

① かごに入れたりんごの重さをはかると 3.06kg ありました。
かごの重さは 0.4kg です。りんごだけの重さは何 kg ですか。

式

答え _____

② 重さ 0.17kg のかばんに 4.83kg の本を入れると
何 kg になりますか。

式

答え _____

③ 2L の牛にゅうを 3 日間で 0.95L 飲みました。
残りは何 L ですか。

式

答え _____

## 小数 （16）

名前 _____

● A コース 3㎞, B コース 1.25㎞ の 2 つのジョギングコース
があります。

① A コースは, B コースより何 ㎞ 長いですか。

式

答え _____

② A コース, B コース 2 つのコースをまわると,
あわせて何 ㎞ ですか。

式

答え _____

● 答えの大きい方を通ってゴールしましょう。通った答えを下の □ に書きましょう。

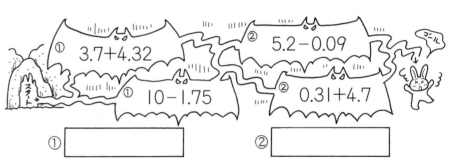

① 3.7+4.32    ② 5.2−0.09
① 10−1.75    ② 0.31+4.7

① _____    ② _____

# 左側

① 水のかさを L を単位として表しましょう。 (5×2)

①

L

②
L

2 下の数直線の ⑦、① のめもりが表す長さは何 m ですか。 (5×2)

7.1　7.2　7.3　(m)

⑦ →　① →

⑦ (　　) m　① (　　) m

3 □ にあてはまる数を書きましょう。 (5×2)

① 5.18は、1 を □ こと、0.1 を □ こと、0.01 を □ こ
あわせた数です。

② 1.25は、0.01 を □ こ
集めた数です。

# 右側

4 次の数を求めましょう。 (5×4)

① 0.73 を 10倍、100倍 した数

10倍

100倍

② 8.2 を $\frac{1}{10}$、$\frac{1}{100}$ にした数

$\frac{1}{10}$

$\frac{1}{100}$

5 次の計算を筆算でしましょう。 (10×4)

① 5.29+0.31

② 9.37+0.8

③ 3.17 − 2.57

④ 6 − 5.82

6 リボンが 4m あります。そのうち 0.96m を使いました。残りは何 m ですか。 (10)

式

答え

35

1  色紙が 80 まいあります。1 人に 30 まいずつ分けると，何人に分けることができて，あまりは何まいですか。

式　80 ÷ 30 = [　] あまり [　]

> 10 のたばで考えると 8 ÷ 3 になるね。

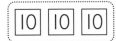  

答え _____

2  計算をしましょう。

> あまりの大きさに注意しよう。

① 60 ÷ 30 = [　]

② 210 ÷ 70 = [　]

③ 90 ÷ 20 = [　] あまり [　]

④ 160 ÷ 30 = [　] あまり [　]

⑤ 600 ÷ 80 = [　] あまり [　]

1  69 ÷ 23 を筆算でしましょう。

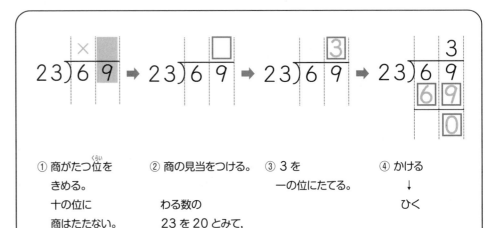

① 商がたつ位をきめる。
十の位に商はたたない。

② 商の見当をつける。
わる数の 23 を 20 とみて，
⑥9 ÷ ②0 = 3

③ 3 を一の位にたてる。

④ かける
↓
ひく

23 × 3 = 69
69 − 69 = 0

> 上と同じようにやってみよう。

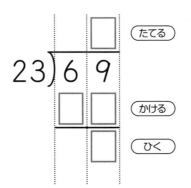

たてる
かける
ひく

2  98 ÷ 32 を筆算でしましょう。

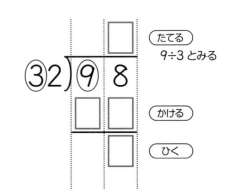

たてる
9 ÷ 3 とみる
かける
ひく

36

①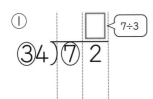
34)72   7÷3

②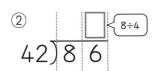
42)86   8÷4

③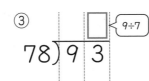
78)93   9÷7

④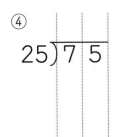
25)75

⑤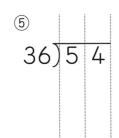
36)54

⑥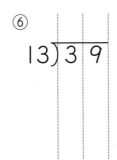
13)39

⑦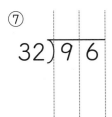
32)96

⑧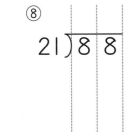
21)88

1　84 ÷ 28 を筆算でしましょう。

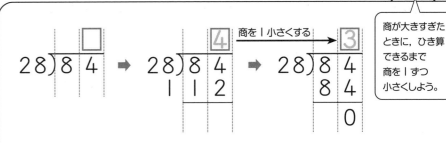

28)84 ➡ 28)84 112 ➡ 28)84 84 0

商を1小さくする

商が大きすぎたときに，ひき算できるまで商を1ずつ小さくしよう。

① 商の見当をつける。
84 ÷ 20 = 4

② 4を一の位にたてる。
28 × 4 = 112
84から112はひけない。

③ 3を一の位にたてる。
**かける** 28 × 3 = 84
**ひく** 84 − 84 = 0

2

① 38)96

② 24)43

③ 36)65

④ 15)75

⑤ 27)80

1小さくしてもまだひけないときは，さらに1小さくしよう。

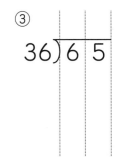
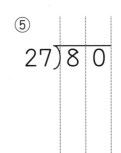

2けた÷2けた＝1けた（修正なし・あり）

名前 _____

①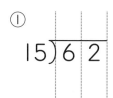

②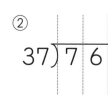

③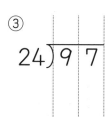

④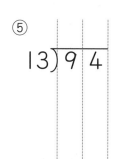

⑤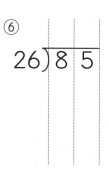

⑥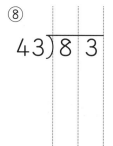

⑦

⑧ 43)83

あまりの数 < わる数
になっているか
たしかめよう。

3けた÷2けた＝1けた（修正なし）

名前 _____

1  263 ÷ 32 を筆算でしましょう。

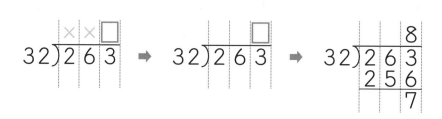

① 商がたつ位をきめる。
　一の位にたつ。

② 商の見当をつける。
　32を30とみて，
　㉖3÷③0＝8

③ 8を一の位にたてる。
　**かける**
　32×8＝256
　**ひく**
　263－256＝7

上と同じように
やってみよう。

2  395 ÷ 43 を筆算で
しましょう。

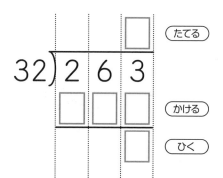

たてる

かける

ひく

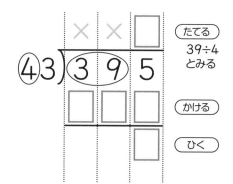

たてる
39÷4
とみる

かける

ひく

38

# わり算の筆算② (7)

3けた÷2けた＝1けた（修正なし）

名前 _____

①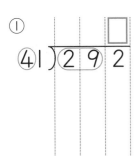

②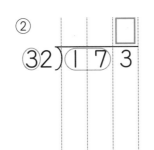

③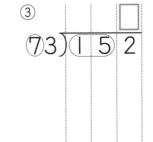

④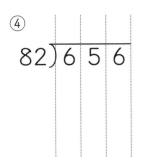

⑤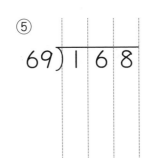

⑥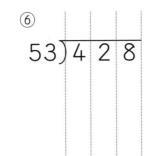

⑦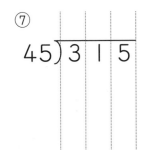

⑧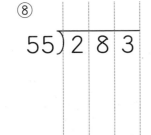

# わり算の筆算② (8)

3けた÷2けた＝1けた（修正あり）

名前 _____

①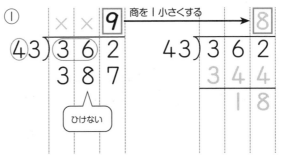

②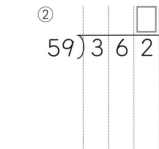

③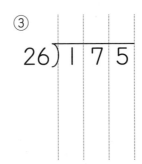

④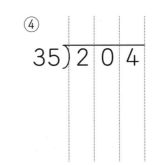

⑤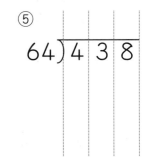

⑥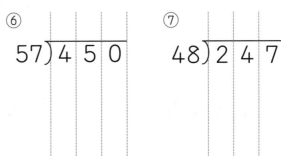

⑦

1小さくしても
まだひけないときは，
さらに1小さくしよう。

## わり算の筆算② (9)

3けた÷2けた＝1けた（商が9）

名前

① 567 ÷ 58 を筆算でしましょう。

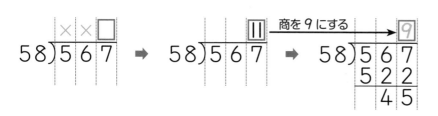

① 商の見当をつける。

58 を 50 とみて

⑤6⑦ ÷ ⑤0 = 11

② 商の見当が 10 以上に
なるときは，
**9 をたてる**

③ **かける**

58 × 9 = 522

**ひく**

567 − 522 = 45

②

① 42)406

② 68)670

③ 33)318

④ 25)229

⑤ 56)548

⑥ 77)734

## わり算の筆算② (10)

3けた÷2けた＝1けた（いろいろな型）

名前

① 27)223

② 31)125

③ 58)524

④ 64)450

⑤ 88)607

⑥ 46)321

● 答えの大きい方を通ってゴールまで行きましょう。通った答えを下の □ に書きましょう。

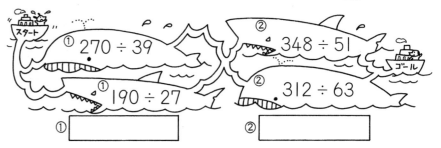

① 270 ÷ 39

① 190 ÷ 27

② 348 ÷ 51

② 312 ÷ 63

① [　　　　　]

② [　　　　　]

① 37)236

② 58)468

③ 45)431

④ 22)176

⑤ 13)119

⑥ 64)520

⑦ 88)722

⑧ 67)491

1  875 ÷ 35 を筆算でしましょう。

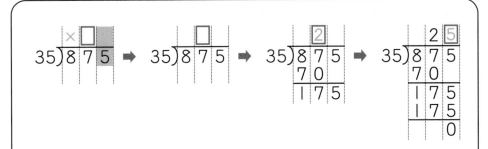

① 商がたつ位をきめる。
　十の位にたつ。

② 商の見当をつける。
　⑧7÷③0＝ [2]

③ 2を**たてる**
　**かける** 35×2＝70
　**ひく** 87−70＝17
　5を**おろす**

④ たてる
　→かける
　→ひく

上と同じようにやってみよう。

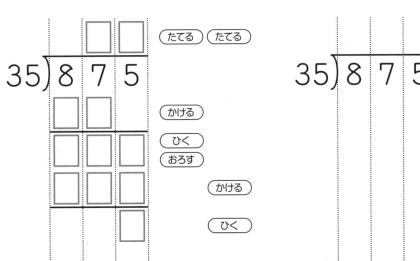

# わり算の筆算②（13）

3けた÷2けた＝2けた（修正なし）

名前

① 23)552

② 42)936

③ 31)412

④ 24)748

⑤ 53)799

⑥ 32)810

⑦ 23)483

⑧ 65)854

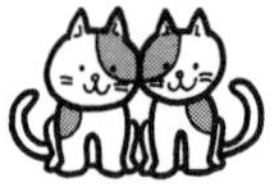

# わり算の筆算②（14）

3けた÷2けた＝2けた（修正あり）

名前

① 23)828

② 34)987

③ 46)900

④ 37)615

⑤ 18)523

⑥ 25)492

⑦ 58)744

⑧ 35)769

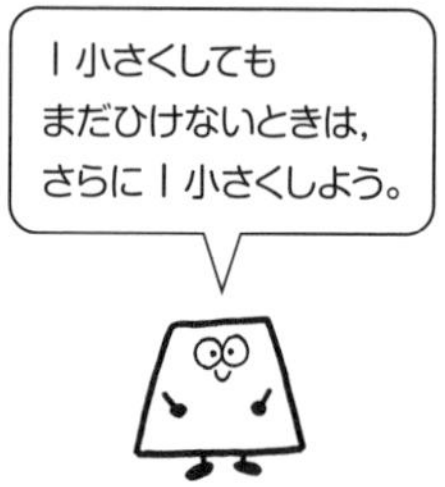
１小さくしても
まだひけないときは，
さらに１小さくしよう。

## わり算の筆算② (15)

3けた÷2けた＝2けた（商の一の位が0）

名前 _____

①

```
      3 0
24) 7 3 5
    7 2
    ─────
      1 5
        0
    ─────
      1 5
```
〔計算をはぶいても同じ〕

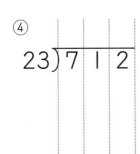
0を書くのを
わすれないように。

②
```
12) 4 9 0
```

③
```
32) 9 8 6
```

④
```
23) 7 1 2
```

⑤
```
43) 8 6 5
```

⑥
```
67) 6 8 9
```

⑦
```
28) 5 7 3
```

---

## わり算の筆算② (16)

3けた÷2けた＝2けた（いろいろな型）

名前 _____

①
```
23) 5 3 4
```

②
```
34) 6 9 4
```

③
```
28) 8 1 2
```

④
```
36) 6 4 8
```

⑤
```
15) 5 1 2
```

⑥
```
41) 9 8 6
```

● 答えの大きい方を通ってゴールまで行きましょう。通った答えを下の □ に書きましょう。

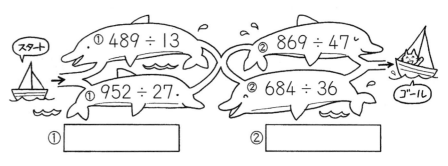

スタート
① 489 ÷ 13
② 869 ÷ 47
① 952 ÷ 27
② 684 ÷ 36
ゴール

① ☐　② ☐

3けた÷2けた＝2けた（いろいろな型）

名前 _____

① 38)575

② 19)784

③ 92)987

④ 41)814

⑤ 27)945

⑥ 59)702

⑦ 35)877

⑧ 26)803

4けた÷2けた・3けた（4けた）÷3けた

名前 _____

① 34)7582

② 46)9130

③ 253)976

④ 352)6420

⑤ 163)1145

● □にあてはまる数を書いて，答えを求めましょう。

① 300 ÷ 60 = 30 ÷ 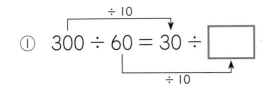　答え _____

② 240 ÷ 80 = □ ÷ 8　答え _____

③ 900 ÷ 300 = □ ÷ 3　答え _____

④ 48 ÷ 16 = 6 ÷ □　答え _____

⑤ 200 ÷ 25 = □ ÷ 100　答え _____

● 24 ÷ 6 と商が等しい式を通ってゴールまで行きましょう。通った式を下の□に書きましょう。

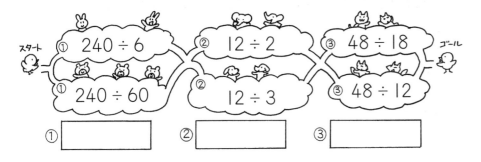

① 240 ÷ 6　② 12 ÷ 2　③ 48 ÷ 18

① 240 ÷ 60　② 12 ÷ 3　③ 48 ÷ 12

① _____　② _____　③ _____

---

① くふうして筆算で計算しましょう。□に答えを書きましょう。

① 3700 ÷ 600　② 2600 ÷ 400　③ 67000 ÷ 800

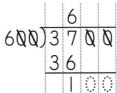
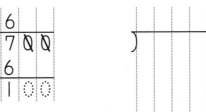
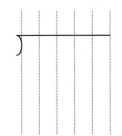

あまりの数は，1ではなく100になるよ。

□ あまり □　□ あまり □　□ あまり □

② 次の筆算のまちがいを正しく計算しましょう。

① 76 ÷ 14　　② 770 ÷ 25

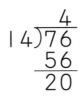
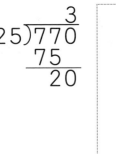

## わり算の筆算② (21)　名前

1. 折り紙が 288 まいあります。この折り紙を 18 人で同じ数ずつ分けると，1 人分は何まいになりますか。

式

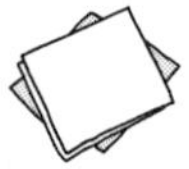

答え

2. 4 年生 135 人を 15 人ずつのグループに分けて，バスケットボール大会をします。
　グループはいくつできますか。

式

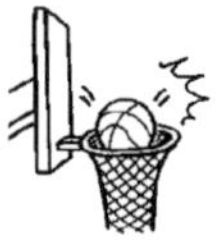

答え

3. 925cm のテープがあります。36cm ずつ切ると，何本できて，何 cm あまりますか。

式

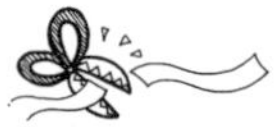

答え

## わり算の筆算② (22)　名前

1. 1 こ 58 円のチョコレートを何こ か買うと 812 円でした。チョコレートを何こ買いましたか。

式

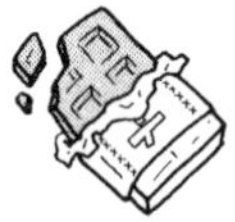

答え

2. かおりさんは，624 ページの本を 1 日 32 ページずつ読みます。
　本を全部読み終わるのに何日かかりますか。

式

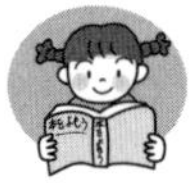

答え

3. 86 こ のクッキーを 12 こ ずつふくろに入れます。何ふくろできて，何こ あまりますか。

式

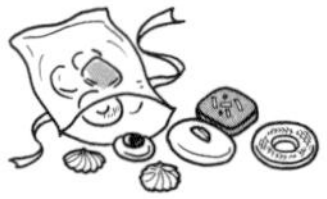

答え

1 計算をしましょう。(6×8)

① 42)98
② 18)71

③ 37)90
④ 36)251

⑤ 76)741
⑥ 26)493

⑦ 45)946
⑧ 44)823

2 □にあてはまる数を書いて、答えを求めましょう。(6×3)

① 800÷400 = □÷4　答え □

② 7200÷900 = 72÷□　答え □

③ 90÷18 = 10÷□　答え □

3 くふうして筆算で計算しましょう。(7×2)

① 2500÷800　　② 58000÷700

あまり □　あまり □

4 92cmのひもを15cmずつ切り分けます。15cmのひもは何本できますか。また、何cmあまりますか。(10)

式

答え

5 えん筆が630本あります。4年生37人に同じ数ずつ配ります。1人分は何本になりますか。また、何本あまりますか。(10)

式

答え

## がい数の表し方 （1）

名前 _____

● A町とB町の小学生の数は右の表の通りです。
それぞれ約何千人といえばよいですか。

| A町 | 2340人 |
|---|---|
| B町 | 2870人 |

① 数直線に↑で2340人と2870人を書き入れ、
2000と3000のどちらに近いかを考えましょう。

2000     [2500]     3000 （人）

② 2340人と2870人は、約何千人ですか。

2340人 ➡ 約（　　　　　）人

2870人 ➡ 約（　　　　　）人

③ □に入る数を書きましょう。

約2000人といえるのは、百の位の数字が

□, □, □, □, □ のときです。

約3000人といえるのは、百の位の数字が

□, □, □, □, □ のときです。

---

## がい数の表し方 （2）

名前 _____

① ㋐37600と㋑34500を、それぞれ一万の位までのがい数にしましょう。

千の位の数字を四捨五入

| 一万 | 千 | 百 | 十 | 一 |
|---|---|---|---|---|
| 3 | ㋐ | 6 | 0 | 0 |
| 4 | 0 | 0 | 0 | 0 |

| 一万 | 千 | 百 | 十 | 一 |
|---|---|---|---|---|
| 3 | ㋑ | 5 | 0 | 0 |
| 3 | 0 | 0 | 0 | 0 |

② 次の数を四捨五入して、（　）の中の位までのがい数にしましょう。

① 75040 （一万の位）

| 一万 | 千 | 百 | 十 | 一 |
|---|---|---|---|---|
| 7 | ⑤ | 0 | 4 | 0 |
|  |  |  |  |  |

② 10960 （一万の位）

| 一万 | 千 | 百 | 十 | 一 |
|---|---|---|---|---|
|  |  |  |  |  |
|  |  |  |  |  |

③ 6830 （千の位）

| 千 | 百 | 十 | 一 |
|---|---|---|---|
| 6 | ⑧ | 3 | 0 |
|  |  |  |  |

④ 8100 （千の位）

| 千 | 百 | 十 | 一 |
|---|---|---|---|
|  |  |  |  |
|  |  |  |  |

⑤ 29310 （千の位）

| 一万 | 千 | 百 | 十 | 一 |
|---|---|---|---|---|
| 2 | 9 | ③ | 1 | 0 |
|  |  |  |  |  |

⑥ 54760 （千の位）

| 一万 | 千 | 百 | 十 | 一 |
|---|---|---|---|---|
|  |  |  |  |  |
|  |  |  |  |  |

## がい数の表し方（3）　名前 _____

① 4530 を上から１けたのがい数と，上から２けたのがい数に
しましょう。

⑦ 上から１けたのがい数
上から②けための数字を四捨五入

| ① | ② | ③ | ④ |
|---|---|---|---|
| 4 | ⑤ | 3 | 0 |
| 5 | 0 | 0 | 0 |

⑦ 上から２けたのがい数
上から③けための数字を四捨五入

| ① | ② | ③ | ④ |
|---|---|---|---|
| 4 | 5 | ③ | 0 |
| 4 | 5 | 0 | 0 |

② 次の数を四捨五入して上から１けたのがい数にしましょう。

① 54170

| ① | ② | ③ | ④ | ⑤ |
|---|---|---|---|---|
|  |  |  |  |  |
|  |  |  |  |  |

② 160280

| ① | ② | ③ | ④ | ⑤ | ⑥ |
|---|---|---|---|---|---|
|  |  |  |  |  |  |
|  |  |  |  |  |  |

③ 次の数を四捨五入して上から２けたのがい数にしましょう。

① 22950

| ① | ② | ③ | ④ | ⑤ |
|---|---|---|---|---|
|  |  |  |  |  |
|  |  |  |  |  |

② 8005

| ① | ② | ③ | ④ |
|---|---|---|---|
|  |  |  |  |
|  |  |  |  |

③ 30730

( 　　　　　　　 )

④ 7640

( 　　　　　　　 )

## がい数の表し方（4）　名前 _____

① 四捨五入して十の位までのがい数にすると，180になる整数
について調べましょう。

173 174 175 176 177 178 179 |180| 181 182 183 184 185 186 187

① 上の数直線で一の位で四捨五入して180になる整数に○を
しましょう。

② 一の位で四捨五入して，180になる数を「以上，未満」を使っ
て表しましょう。

[　　　] 以上 [　　　] 未満

② 四捨五入して百の位までのがい数にすると，700になる整数
について調べましょう。

① 十の位で四捨五入して700になる整数でいちばん小さい数と
いちばん大きい数を [ ] に書きましょう。

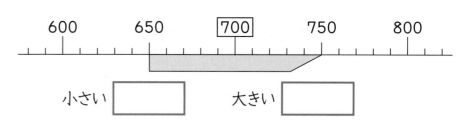

600　　　650　　　|700|　　　750　　　800

小さい [　　　]　　　大きい [　　　]

② 十の位で四捨五入して700になる整数のはんいを以上，未満
を使って書きましょう。

[　　　] 以上 [　　　] 未満

## がい数の表し方 (5)

名前 _____

① 87こ のみかんを 10こ ずつふくろに入れていきます。
ふくろづめができるみかんは何こ ですか。

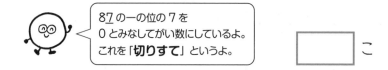
87の一の位の7を
0とみなしてがい数にしているよ。
これを「切りすて」というよ。

☐ こ

② 70人乗り，80人乗り，90人乗りのバスがあります。
87人の子どもが遠足に行くのに何人乗りのバスが必要に
なりますか。

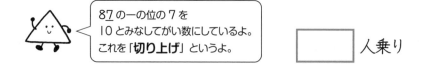
87の一の位の7を
10とみなしてがい数にしているよ。
これを「切り上げ」というよ。

☐ 人乗り

③ 次の数を切りすて，切り上げのしかたで百の位までのがい数に
します。☐ にあてはまる数を書きましょう。

|切りすて| |切り上げ|

① 200 ← 230 → 300

② ☐00 ← 710 → ☐00

③ ☐00 ← 490 → ☐00

---

## がい数の表し方 (6)
がい数を使った計算 （たし算・ひき算）

名前 _____

① 右の表は，プラネタリウムの
午前，午後の入場者数です。

入場者数

| 時 | 人数 (人) |
|---|---|
| 午前 | 378 |
| 午後 | 516 |

① 午前，午後の入場者数は，
それぞれ約何百人ですか。

午前… 約 ☐ 人　　午後… 約 ☐ 人

② 1日の入場者数は，全部で約何百人ですか。がい算で求めましょう。

式

答え 約 _____

③ 午後の入場者数は，午前の入場者数より約何百人多いですか。
がい算で求めましょう。

式

答え 約 _____

② 右の2つの品物を買って，1000円札で
はらいます。おつりは約何円ですか。
四捨五入して百の位までのがい数で
求めましょう。

魚　　トマト
526円　358円

式

答え 約 _____

## がい数の表し方（7）

がい数を使った計算（かけ算）

名前 _____

● おまつりで，1本 280 円の焼きとうもろこしが 84 本売れました。
焼きとうもろこしの売り上げは約何円になりますか。

① 280 × 84 を計算して，実さいの金がくを求めましょう。

答え _____

② 280，84 を四捨五入して，上から 1 けたのがい数に
表しましょう。

280 ➡ 約（　　　　　　）円

84 ➡ 約（　　　　　　）本

③ 焼きとうもろこしの売り上げを見積もりましょう。

式

答え 約 _____

かけ算の積を見積もるときは
かけられる数も，かける数も上から
1けたのがい数にすると便利だね。

## がい数の表し方（8）

がい数を使った計算（わり算）

名前 _____

● 遠足で水族館へ行きました。バス代や入館料など
あわせて 86710 円かかりました。29 人で等分すると，
1人分は約何円になりますか。

① 86710 ÷ 29 を計算して，実さいの金がくを求めましょう。

答え _____

② 86710 を四捨五入して，上から 2 けたのがい数に表しましょう。

86710 ➡ 約（　　　　　　　　　）円

③ 29 を四捨五入して，上から 1 けたのがい数に表しましょう。

29 ➡ 約（　　　　　）人

④ 1人分の金がくを見積もりましょう。

式

答え 約 _____

わり算の商を見積もるときも
上から1けたや2けたのがい数にする
とかん単に見積もることができるよ。

## がい数の表し方（9）

名前 _____

① あるテーマパークの入場者数は右の表の通りです。

| 8月 | 29520人 |
|---|---|
| 9月 | 20180人 |

① 8月，9月あわせての入場者数は約何万人ですか。

式

答え 約 _____

② 8月の入場者数は，9月の入場者数より約何万人多いですか。

式

答え 約 _____

② 1しゅう328mの公園のまわりを18しゅう走りました。全部で約何m走ったでしょうか。上から1けたのがい数にして見積もりましょう。

式

答え 約 _____

③ 四捨五入して上から1けたのがい数にして商を求めましょう。

① 49664 ÷ 512

[ ] ↓ ÷ [ ] ↓

約 _____

② 614800 ÷ 290

[ ] ↓ ÷ [ ] ↓

約 _____

## がい数の表し方（10）

名前 _____

● スーパーで右の表の3つの品物を買います。千円でたりるかどうか考えましょう。

| 食料 | 金がく(円) |
|---|---|
| きゅうり | 127 |
| トマト | 256 |
| いちご | 482 |

① この問題は，次の3つのうちのどの方法を使えばいいでしょうか。○で囲みましょう。

切り捨て　　四捨五入　　切り上げ

② それぞれ約何百円とみればいいですか。

きゅうり… 約 [ ] 円

トマト… 約 [ ] 円　　いちご… 約 [ ] 円

③ 買い物は千円でたりるでしょうか。②でがい数にした金がくを合計して答えましょう。

式

答え _____

● めいろは，千の位までのがい数にして大きい方を通りましょう。通った方のがい数を下の [ ] に書きましょう。

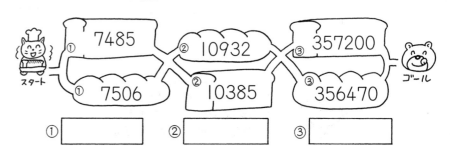

① 7485　② 10932　③ 357200
① 7506　② 10385　③ 356470

① [ ]　② [ ]　③ [ ]

# ふりかえりテスト　がい数の表し方

① 四捨五入して、（ ）の中の位までのがい数にしましょう。(6×5)

① 526（百の位）→（ 　　　 ）

② 7610（千の位）→（ 　　　 ）

③ 20950（千の位）→（ 　　　 ）

④ 31830（万の位）→（ 　　　 ）

⑤ 85270（万の位）→（ 　　　 ）

② 四捨五入して、上から1けたや2けたのがい数にしましょう。(6×4)

① 6723
1けた（ 　　　 ）　2けた（ 　　　 ）

② 10835
1けた（ 　　　 ）　2けた（ 　　　 ）

③ 四捨五入して、十の位までのがい数にすると、120になりました。このときの整数のはんいを、以上、未満を使って書きましょう。(6)

110　　　120　　　130

（　　　以上　　　未満 ）

④ 子ども会の遠足でハイキングに行きました。歩いたコースは下の通りです。約何m歩いたでしょうか。四捨五入して、百の位までのがい数で求めましょう。(12)

| バス停 | | 公園 | | 山ちょう | | 駅 |
| --- | --- | --- | --- | --- | --- | --- |
| | 180m | | 1020m | | 870m | |

式

答え　約

⑤ 4年生75人から遠足代を1人2150円ずつ集めました。全部で約何円集まったでしょうか。上から1けたのがい数にして見積もりましょう。(12)

式

答え　約

⑥ 四捨五入して、上から1けたのがい数にして商を見積もりましょう。(8×2)

① 80940÷380

式

約

② 199680÷5120

式

約

## 計算のきまり （1）

名前 _____

① みくさんは，500円玉を持って買い物に行き，250円のクッキーと150円のジュースを買いました。おつりは何円になりますか。

250円　150円

① クッキーとジュースの代金の合計は何円になりますか。

式 [　　] ＋ [　　] ＝ [　　]

答え _____

② おつりは何円になりますか。

式 500 － [　　] ＝ [　　]

答え _____

③ ①と②の式を（　）を使って1つの式に表しましょう。

持っていたお金　　代金　　おつり

[　　] － （[　　] ＋ [　　]） ＝ [　　]

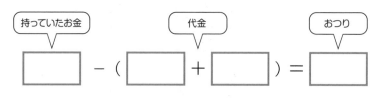
（　）のある式では，（　）の中をひとまとまりとみて，先に計算するよ。

② 次の計算をしましょう。

① 17 ＋ （18 ＋ 12）　　② 26 － （15 － 5）

## 計算のきまり （2）

名前 _____

① なおさんは，1本75円のえん筆と125円のボールペンを1組にして5組買いました。代金は何円になりますか。

75円
125円

① 1組の代金は何円になりますか。

式 [　　] ＋ [　　] ＝ [　　]

答え _____

② 5組分の代金は何円になりますか。

式 [　　] × [　　] ＝ [　　]

答え _____

③ ①と②の式を（　）を使って1つの式に表しましょう。

1組分の代金　　組の数　　代金の合計

（[　　] ＋ [　　]） × [　　] ＝ [　　]

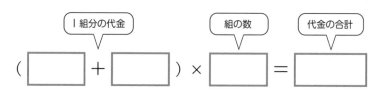
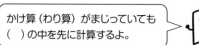

かけ算（わり算）がまじっていても（　）の中を先に計算するよ。

② 次の計算をしましょう。

① 8 × （32 ＋ 18）　　② （46 ＋ 17） ÷ 7

## 計算のきまり（3）

名前 _____

① ゆみさんは，1 こ 80 円のガムを 3 こ と 160 円のチョコレートを買いました。代金は何円になりますか。

80 円　　160 円

① ガム 3 こ の代金は何円になりますか。

式 □ × □ = □

答え _____

② ガム 3 こ の代金にチョコレートの代金をたすと何円になりますか。

式 □ + □ = □

答え _____

③ ①と②の式を 1 つの式に表しましょう。

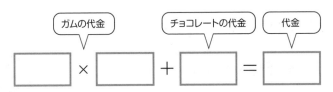

ガムの代金　　チョコレートの代金　　代金

□ × □ + □ = □

式の中のかけ算（わり算）は
たし算・ひき算より先に計算するよ。

② 次の計算をしましょう。

① 60 + 8 × 5 　　　　② 46 ÷ 2 − 10

## 計算のきまり（4）

名前 _____

① 計算の順じょにしたがって計算しましょう。

● ふつう，左から順にします。
● （ ）があるときは，（ ）の中を先にします。
● ＋，−と，×，÷ とでは，×，÷ を先にします。

① 24 ÷ 3 × 4 =

② 24 − (3 + 4) =

③ 24 + 3 × 4 =

④ 24 ÷ (3 × 4) =

② 計算の順じょに気をつけて計算しましょう。

① 5 × 8 − 4 ÷ 2 =

② 5 × (8 − 4) ÷ 2 =

③ 5 × (8 − 4 ÷ 2) =

①→②→③の
順じょで
計算しよう。

## 計算のきまり（5）

名前 _____

● 計算しましょう。

① $15 - 3 \times 4$

② $50 - (25 + 15)$

③ $72 \div (15 - 7)$

④ $26 + 6 \times 9$

⑤ $12 \times (32 - 28) \div 4$

● 答えの大きい方を通ってゴールしましょう。通った答えを下の □ に書きましょう。

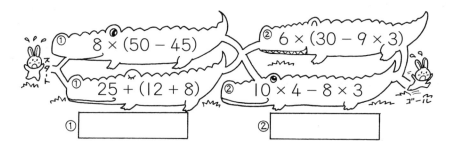

① $8 \times (50 - 45)$

② $6 \times (30 - 9 \times 3)$

① $25 + (12 + 8)$

② $10 \times 4 - 8 \times 3$

①
②

## 計算のきまり（6）

名前 _____

① 星のマークは全部で何こありますか。

● ⑦と①の式に表して、答えが同じに なるかたしかめましょう。

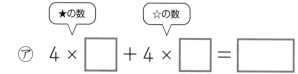

⑦ $4 \times \boxed{\phantom{0}} + 4 \times \boxed{\phantom{0}} = \boxed{\phantom{0}}$

① $\boxed{\phantom{0}} \times (3 + \boxed{\phantom{0}}) = \boxed{\phantom{0}}$　答え _____

② くふうして計算しましょう。

① $108 \times 7 = (100 + \boxed{\phantom{0}}) \times 7$

$= 100 \times 7 + \boxed{\phantom{0}} \times 7$

$= 700 + \boxed{\phantom{0}}$

$= \boxed{\phantom{0}}$

② $86 \times 9 - 26 \times 9 = (\boxed{\phantom{0}} - \boxed{\phantom{0}}) \times 9$

$= \boxed{\phantom{0}} \times 9$

$= \boxed{\phantom{0}}$

## 垂直・平行と四角形 (1)
垂直　　名前＿＿＿＿＿＿＿＿＿

① 2本の直線が垂直なのはどれですか。（　　）に○をしましょう。

① （　　）

② （　　）

③ （　　）

④ （　　）

⑤ （　　）

> 2本の直線が
> 直角に交わって
> いるかどうか
> たしかめよう。

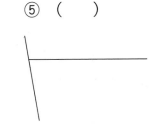

② 下の図で，⑦の直線に垂直な直線はどれですか。
（　　）に記号を書きましょう。

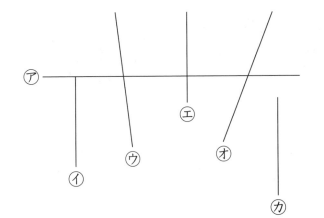

（　　）

（　　）

（　　）

## 垂直・平行と四角形 (2)
垂直　　名前＿＿＿＿＿＿＿＿＿

● 2まいの三角じょうぎを使って，点Aを通り直線⑦に垂直な
直線を書きましょう。

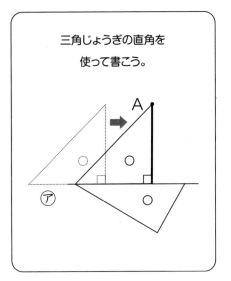

三角じょうぎの直角を
使って書こう。

①

A・

⑦＿＿＿＿＿＿＿

②

③

⑦＿＿＿A・＿＿＿

① 右の図を見て，□ にあてはまることばを □ からえらんで書きましょう。

① 直線⑤と直線⑥は，□ です。

② 直線⑤と直線⑦は，□ です。

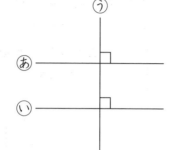

┌─────────────┐
│ 垂直（すいちょく） ・ 平行 │
└─────────────┘

② ２本の直線が平行になっているのはどれですか。
（　）に○をしましょう。

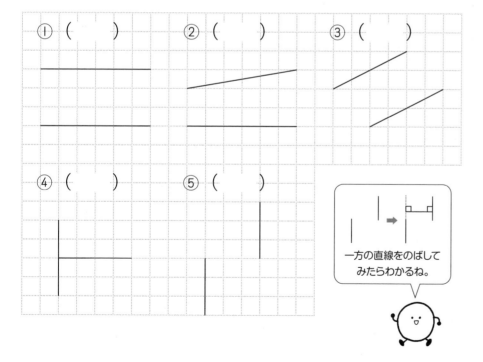

① （　）　② （　）　③ （　）

④ （　）　⑤ （　）

一方の直線をのばしてみたらわかるね。

① 右の図の直線⑰と⑱は平行です。
（　）の正しい方のことばに○をしましょう。

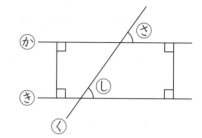

① 直線⑰と⑱のはば は，どこも
（ 等しい ・ 同じではない ）

② 直線⑱と交わってできる角⑳，角㉑の大きさは
（ 等しい ・ 同じではない ）

② 下の図の直線⑤と直線⑥は平行です。
直線ウエ，直線オカはそれぞれ何 cm ですか。

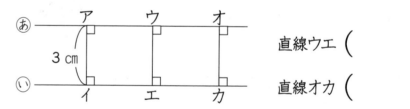

直線ウエ（　　　　）cm

直線オカ（　　　　）cm

③ 下の図で直線㋐，㋑，㋒は平行です。
⑤，⑥の角度はそれぞれ何度ですか。

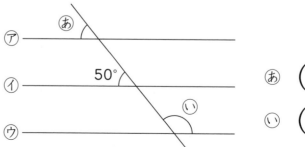

⑤ （　　　　）°

⑥ （　　　　）°

● 2まいの三角じょうぎを使って，点Aを通り直線㋐に平行な直線を書きましょう。

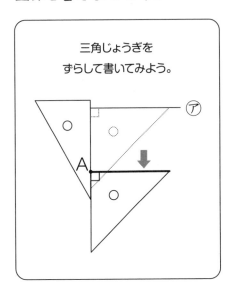

三角じょうぎを
ずらして書いてみよう。

① ㋐ ───────────

A •

② ㋐
|
|
|
|
A •

③ ㋐
\
A • \
\

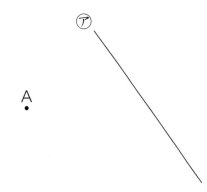

① 垂直や平行な直線をみつけましょう。

① 直線㋐に垂直な直線は ㋑〜㋒のどれですか。

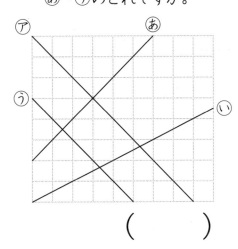

（　　　）

② 直線㋕に平行な直線は ㋖〜㋗のどれですか。

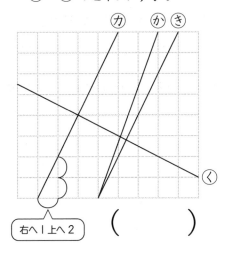

右へ1 上へ2

（　　　）

② 垂直や平行な直線を書きましょう。

① 点Aを通り直線㋐に 垂直な直線。

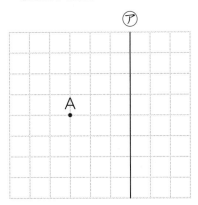

② 点Bを通り直線㋑に 平行な直線。

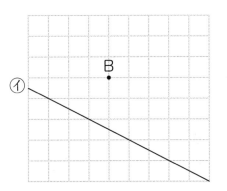

59

① （　）にあてはまることばを書きましょう。

台形

向かい合った１組の辺が（　　　　　　　　）な
四角形を台形といいます。

② 台形はどれですか。記号をすべて書きましょう。

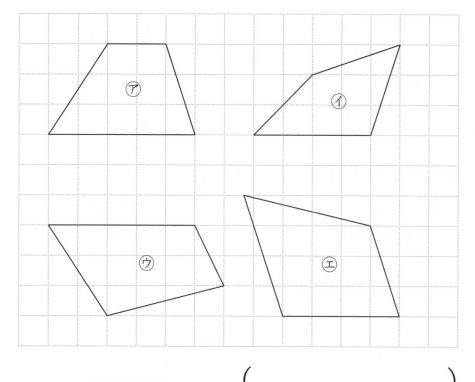

（　　　　　　　　　　　　　　）

平行になっている辺
に色をぬってみよう。

① 平行な直線を使って，れいのように台形を１つ書きましょう。

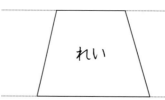
れい

② 台形の続きを書きましょう。

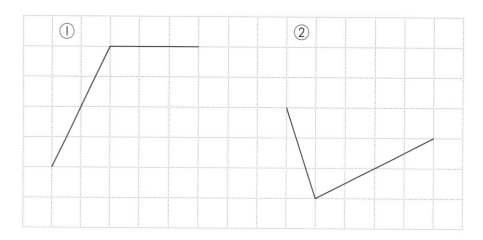
①
②

③ 図のような台形を書きましょう。

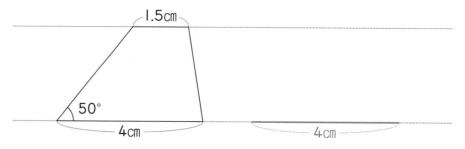
1.5cm
50°
4cm
4cm

① （　）にあてはまることばを書きましょう。

向かい合った2組の辺が（　　　　）な
四角形を平行四辺形といいます。

平行四辺形

② 平行四辺形はどれですか。記号をすべて書きましょう。

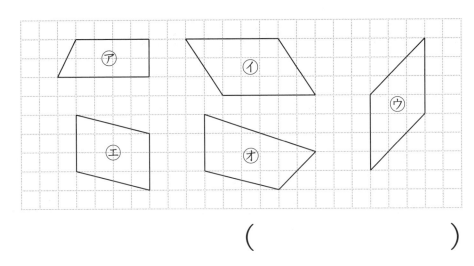

（　　　　　　　　　　　　　　　　）

③ 平行な直線を使って，れいのように平行四辺形を1つ
書きましょう。

れい

① 平行四辺形の続きを書きましょう。

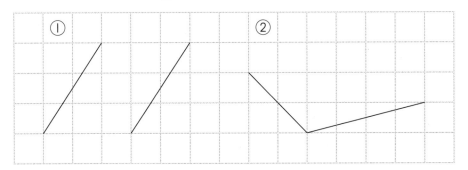

② 平行四辺形の特ちょうで，あてはまる方に
○をしましょう。

① 向かい合った角の大きさは
（　等しい　・　等しくない　）

② 向かい合った辺の長さは（　等しい　・　等しくない　）

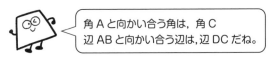
角Aと向かい合う角は，角C
辺ABと向かい合う辺は，辺DCだね。

③ 右の平行四辺形の角度や辺の長さを求めましょう。

角B　（　　　　　）°

角C　（　　　　　）°

辺AD　（　　　　　）cm

辺CD　（　　　　　）cm

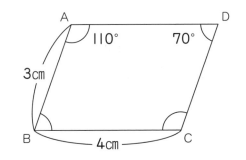

● 下の図のような平行四辺形を書きましょう。

①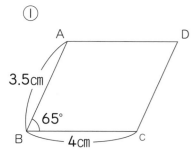

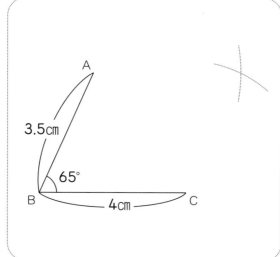

コンパスを使って点Aから4cm、点Cから3.5cmのところに印をつけよう。

②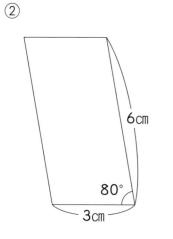

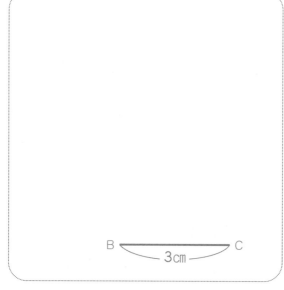

1　ひし形の特ちょうであてはまる方に○をつけましょう。

ひし形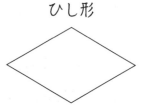

①　（ 2つ ・ 4つ ）の辺の長さがすべて等しい。

②　向かい合った辺は（ 垂直 ・ 平行 ）である。

③　向かい合った角の大きさは（ 等しい ・ 等しくない ）

2　ひし形はどれですか。記号に○をしましょう。

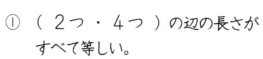

3　右のひし形の角度や辺の長さを求めましょう。

角B　（　　　　　）°

角C　（　　　　　）°

辺AB　（　　　　　）cm

辺CD　（　　　　　）cm

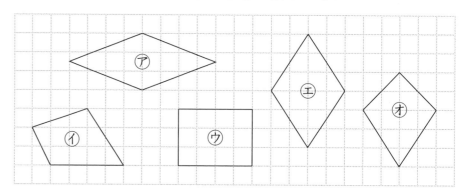

62

① コンパスを使って辺の長さが 4cm のひし形を書きましょう。

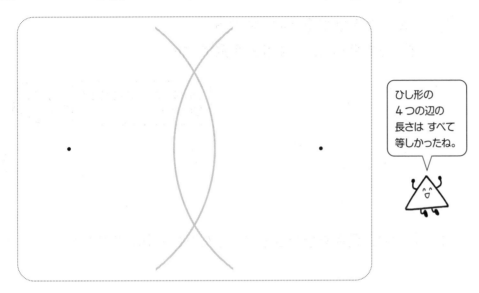

ひし形の
4つの辺の
長さは すべて
等しかったね。

② 下の図のようなひし形を書きましょう。

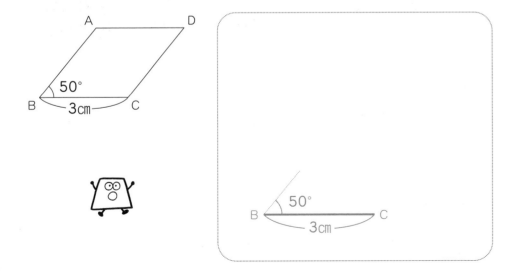

● 次の四角形の対角線について調べましょう。

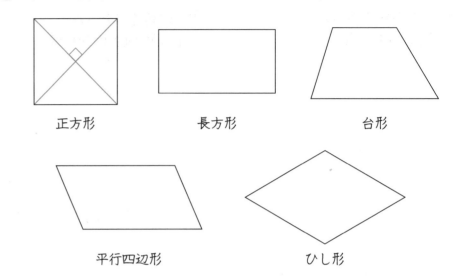

正方形　　　　　長方形　　　　　台形

平行四辺形　　　　　　　ひし形

① 上の四角形に対角線をひきましょう。

② 2本の対角線の長さが等しい四角形はどれですか。

(　　　　　) (　　　　　)

③ 2本の対角線が垂直に交わる四角形はどれですか。

(　　　　　) (　　　　　)

④ 2本の対角線が交わった点で，それぞれの対角線が
2等分される四角形はどれですか。

(　　　　　) (　　　　　)

(　　　　　) (　　　　　)

## 垂直・平行と四角形（15）
四角形の対角線

名前 _____

1　次の四角形を書きましょう。

① 対角線の長さが
　6cmの正方形

② 対角線の長さが
　8cmと6cmのひし形

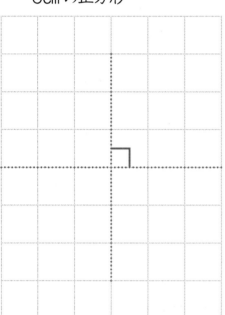

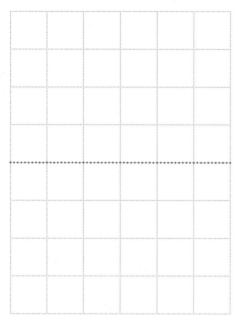

2　下の図は，四角形の対角線です。
　四角形の名前を（　　）に書きましょう。

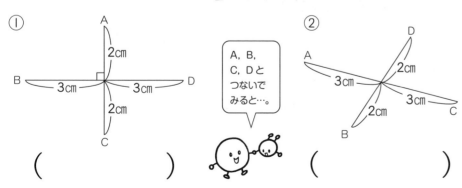

① A
　2cm
B　3cm　3cm　D
　2cm
C

A, B, C, Dとつないでみると…。

（　　　　　　　）

② A　D
　　2cm
　3cm
　2cm　3cm
B　　　C

（　　　　　　　）

## 垂直・平行と四角形（16）

名前 _____

● ひし形を対角線で切ります。できた形について答えましょう。

① 1本の対角線で2つに切ります。
　できた三角形は，どんな三角形ですか。

ひし形の4つの辺の長さは等しいから…。

（　　　　　　　　　　　　　　）

② 2つの三角形を合わせると，どんな四角形ができますか。

（　　　　　　　　　　　　　　）

もう1つの△をどこにくっつけたらいいかな。

③ 2本の対角線で4つに切ります。
　できた三角形は，どんな三角形ですか。

（　　　　　　　　　　　　　　）

# ふりかえりテスト ☀🤖 垂直・平行と四角形

名前 ____

□1 点Aを通り直線⑦に垂直な直線と、直線⑦に平行な直線をそれぞれ書きましょう。(8×2)

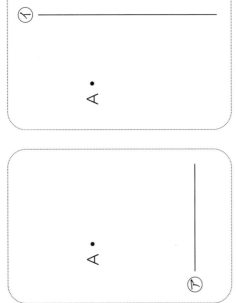

A・　　　　　　A・

⑦

□2 下の図で、直線⑦と⑦は平行です。あ、⑦の角度はそれぞれ何度ですか。(8×2)

80°　110°

⑦　⑦

あ( )　⑦( )

□3 直線⑦に垂直な直線と平行な直線はどれですか。(8×2)

⑦　⑦　⑦　⑦　あ

垂直( )　平行( )

□4 次の四角形の名前を書きましょう。(5×3)

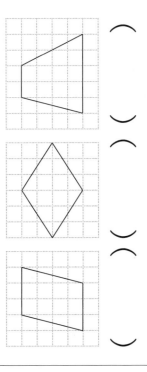

( )

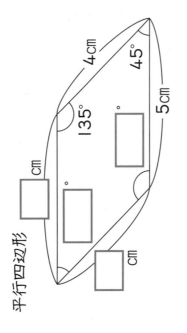

( )

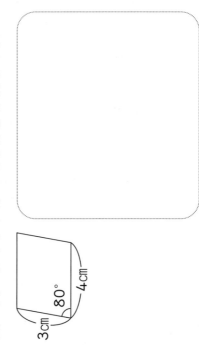

( )

□5 □にあてはまる数を書きましょう。(5×4)

平行四辺形

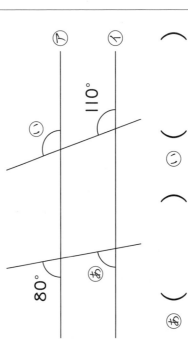

135°　45°　4cm　5cm

□cm　□°　□°　□cm

□6 次のような平行四辺形を書きましょう。(9)

80°　4cm　3cm

□7 次の対角線になる、四角形の名前を書きましょう。(8)

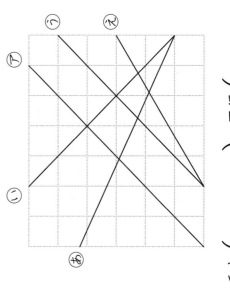

A　B　C　D　2cm　4cm　2cm　4cm

( )

65

広さのことを面積といいます。1辺が1cmの正方形の面積を，

**1平方センチメートル**

といい，1cm² と書きます。

● 次の⑦～⊆の面積は何 cm² ですか。

⑦
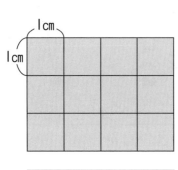

cm²

④
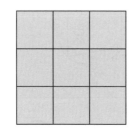

cm²

⑨
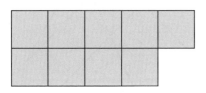

cm²

⊆
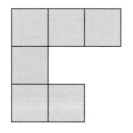

cm²

① 下の⑦～⊆の面積を求めましょう。

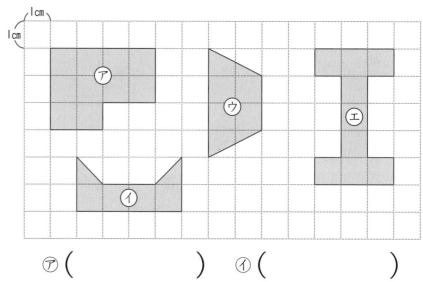

⑦ (　　　　　　　)　　④ (　　　　　　　)

⑨ (　　　　　　　)　　⊆ (　　　　　　　)

② 下の方がんに 6cm² になる図形を 3 つかきましょう。

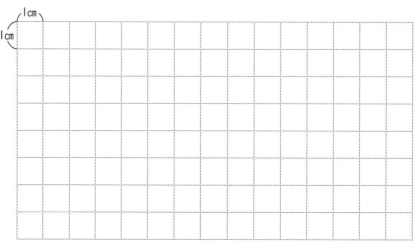

# 面積 (3)

名前 _____

● 次の長方形や正方形の面積を求めましょう。

①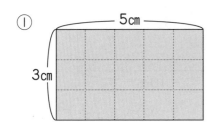

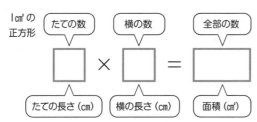

$$\boxed{\phantom{0}} \times \boxed{\phantom{0}} = \boxed{\phantom{0}}$$

たての数 × 横の数 = 全部の数
たての長さ (cm) 横の長さ (cm) 面積 (cm²)

答え _____

②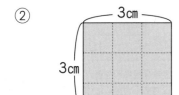

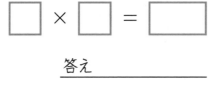

$$\boxed{\phantom{0}} \times \boxed{\phantom{0}} = \boxed{\phantom{0}}$$

答え _____

③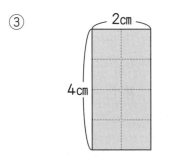

$$\boxed{\phantom{0}} \times \boxed{\phantom{0}} = \boxed{\phantom{0}}$$

答え _____

④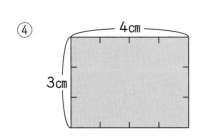

$$\boxed{\phantom{0}} \times \boxed{\phantom{0}} = \boxed{\phantom{0}}$$

答え _____

# 面積 (4)

名前 _____

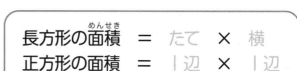

| | | |
|---|---|---|
| 長方形の面積 = | たて | × 横 |
| 正方形の面積 = | 1辺 | × 1辺 |

① 次の長方形や正方形の面積を公式を使って求めましょう。

①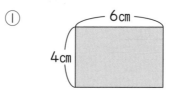

式

答え _____

②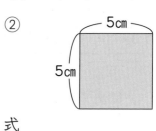

式

答え _____

② 次の長方形や正方形の辺の長さをはかって面積を求めましょう。

①

式

答え _____

②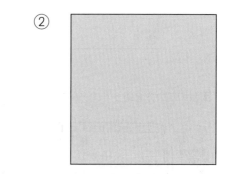

式

答え _____

## 面積（5）

名前

1　面積が 15㎠ で，たての長さが
3cm の長方形があります。
　長方形の横の長さは何 cm ですか。

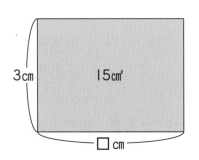

3cm　15㎠　□cm

式

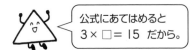

公式にあてはめると
3×□＝15 だから。

答え _____

2　（　）にあてはまる数を求めましょう。

①

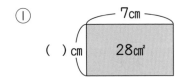

7cm
（　）cm　28㎠

②

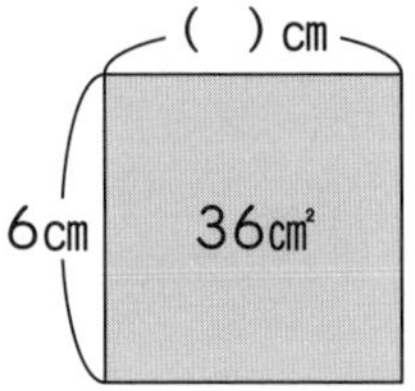

（　）cm
6cm　36㎠

式

式

答え _____

答え _____

● 面積の広い方を通ってゴールまで行きましょう。下の □ に通った方の面積を書きましょう。

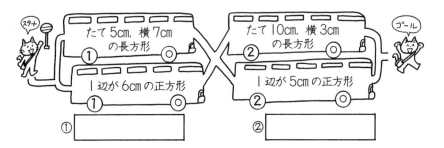

スタート

たて 5cm，横 7cm
の長方形
①　　　◎

たて 10cm，横 3cm
の長方形
②　　　◎

ゴール

1辺が 6cm の正方形
①　　　◎

1辺が 5cm の正方形
②　　　◎

①

②

## 面積（6）

名前

1　右のような形の面積を
⑦と④の2つの方法で
求めましょう。

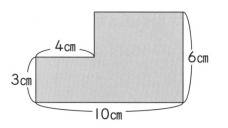

4cm
3cm
6cm
10cm

⑦　あといに分ける

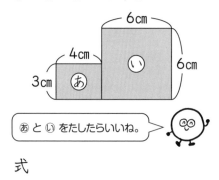

6cm
4cm　い
3cm　あ　6cm

あ と い をたしたらいいね。

④　1つの大きな長方形とみる

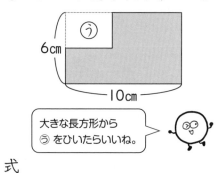

6cm　う
10cm

大きな長方形から
う をひいたらいいね。

式

式

答え _____

答え _____

2　次の図形の面積を求めましょう。

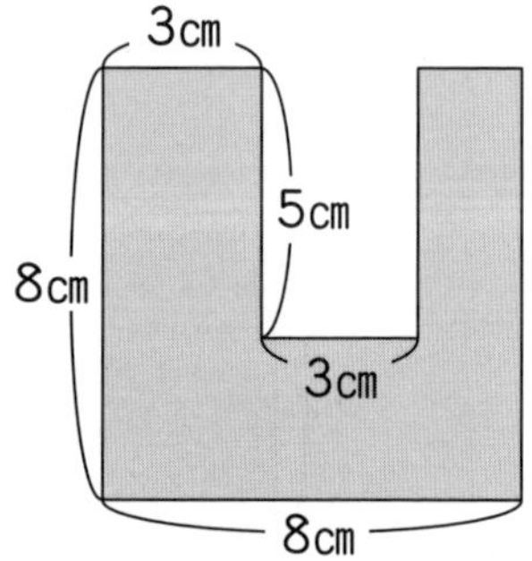

式

3cm
5cm
8cm
3cm
8cm

答え _____

## 面積（7）

名前 _____

1辺が1mの正方形の面積を，1平方メートル といい，1m² と書きます。

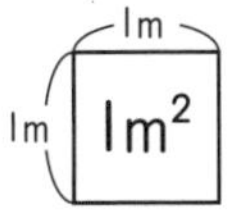

1　次の図形の面積を求めましょう。

①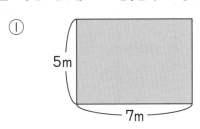

式

答え _____ m²

②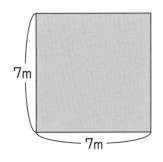

式

答え _____ m²

2　1m²は何cm²ですか。

1m² = ☐ cm²

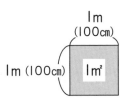

3　たて80cm，横1mのポスターがあります。
このポスターの面積を求めましょう。

1m = ☐ cm

単位をcmに
そろえてみよう。

式

答え _____

## 面積（8）

名前 _____

1辺が10mの正方形の面積を，1アール といい，1aと書きます。　1a＝100m²

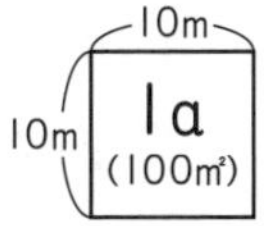

1　右の図の面積を求めましょう。

①　面積は何m²ですか。

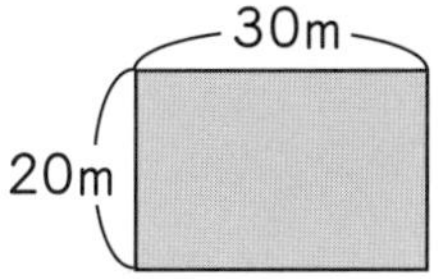

式

答え _____

②　面積は何aですか。

式　1aが（　　　）×（　　　）＝（　　　）
　　　　　　たて　　　横

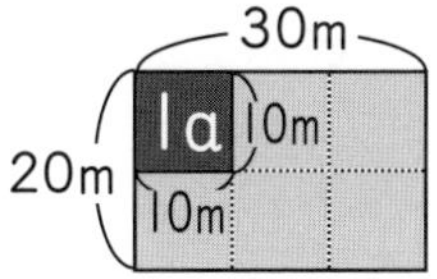

答え _____

1辺が100mの正方形の面積を，1ヘクタールといい，1haと書きます。　1a＝10000m²

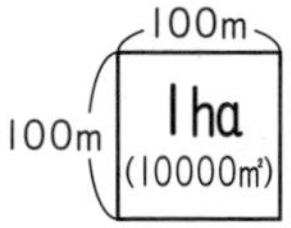

2　右の図の面積を求めましょう。

①　面積は何m²ですか。

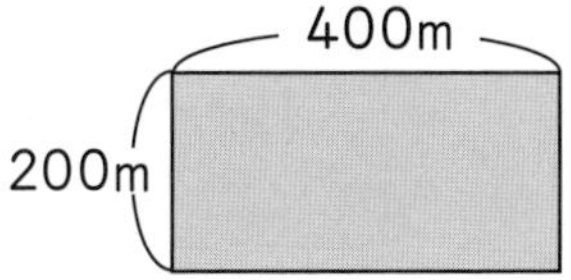

式

答え _____

②　面積は何haですか。

式　1haが（　　　）×（　　　）＝（　　　）
　　　　　　たて　　　横

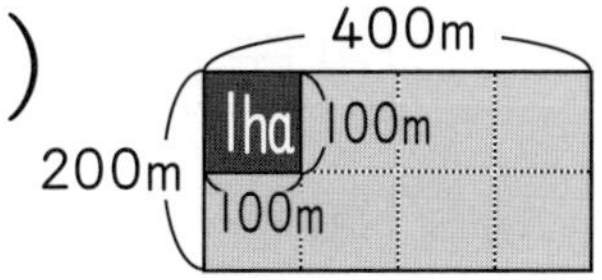

答え _____

## 面積 (9)

名前 _____

1辺が1kmの正方形の面積を、**1平方キロメートル** といい、**1km²** と書きます。

① 次の正方形と長方形の面積を求めましょう。

①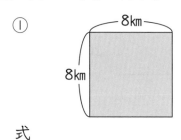

8km / 8km

式

答え _____ km²

②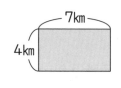

7km / 4km

式

答え _____ km²

② 1km²は、何m²ですか。図をみて、□ にあてはまる数を書きましょう。

1km (1000m) / 1km² / 1km (1000m)

1km = [      ] m

1km × 1km = [      ] m × [      ] m

1km² = [      ] m²

③ □ にあてはまる数を書きましょう。

① 1m² = [      ] cm²    ② 1a = [      ] m²

③ 1ha = [      ] m²    ④ 1km² = [      ] m²

---

## 面積 (10)

名前 _____

① □ にあてはまる数を書きましょう。

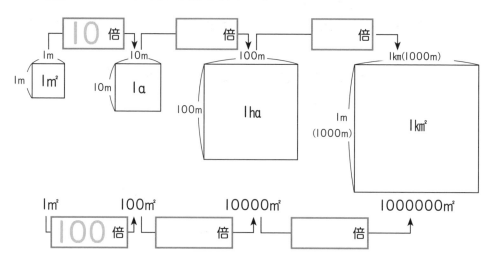

1m / 1m / 1m² — 10倍 → 10m / 10m / 1a — [  ]倍 → 100m / 100m / 1ha — [  ]倍 → 1km(1000m) / 1m(1000m) / 1km²

1m² — 100倍 → 100m² — [  ]倍 → 10000m² — [  ]倍 → 1000000m²

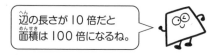

辺の長さが10倍だと面積は100倍になるね。

② 次の □ にあてはまる面積の単位 (cm², m², km²) を書きましょう。

① 日本の面積 ……………………… 約378000 [      ]

② 教科書の面積 …………………… 約460 [      ]

③ 学校のプールの面積 …………… 約320 [      ]

70

名前

① 次の図形の面積を求めましょう。(5×3)

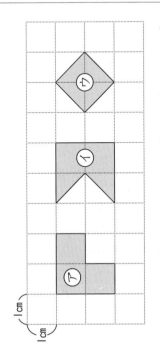

ア（　　　） イ（　　　） ウ（　　　）

② 次の長方形や正方形の面積を求めましょう。(10×4)

① 12cm　8cm
式

答え

② 7cm　7cm
式

答え

③ たて32m、横15mの体育館の面積
式

答え

④ 1辺が約10kmの正方形の形をした島の面積
式

答え　約

③ （　　）にあてはまる数を書きましょう。(5×2)

① 1m² = （　　　）cm²

② 1km² = （　　　）m²

④ たてが40m、横が50mの長方形をした土地があります。

① 面積は何m²ですか。(10)
式

答え

② 面積は何aですか。(10)

答え

⑤ 次の図形の色のついた部分の面積を求めましょう。(15)

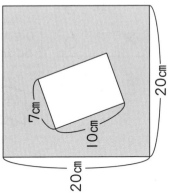

20cm　20cm　7cm　10cm

式

答え

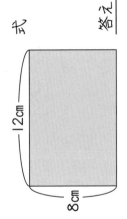

71

小数第一位×1けた

名前 _____

例:

```
    2.4
  ×  3
  ────
    7.2
```

❶ 小数点を考えず 右にそろえて書く。
❷ 整数のかけ算と 同じようにする。
❸ かけられる数に そろえて，積の 小数点をうつ。

```
    4.5
  ×  6
  ────
   27.0
```

0 を消して おこう。

● 次の筆算をしましょう。

① 
```
    5.3
  ×  6
  ────
```

② 
```
    3.8
  ×  5
  ────
```

③ 
```
    6.2
  ×  4
  ────
```

④ 
```
    8.9
  ×  3
  ────
```

⑤ 
```
   17.2
  ×   7
  ────
```

---

小数第一位×1けた

名前 _____

例:

```
    0.3
  ×  2
  ────
    0.6
```

一の位の 0 を わすれずに書こう。

```
    0.4
  ×  5
  ────
    2.0
```

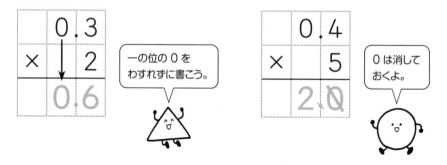

0 は消して おくよ。

● 次の筆算をしましょう。

① 
```
    0.7
  ×  3
  ────
```

② 
```
    0.6
  ×  5
  ────
```

③ 
```
    0.3
  ×  3
  ────
```

④ 
```
    0.8
  ×  4
  ────
```

⑤ 
```
    0.1
  ×  7
  ────
```

## 小数のかけ算（3）
小数第一位×1けた

名前 _____

① 4.8 × 7

② 6.4 × 3

③ 0.2 × 4

④ 3.2 × 8

⑤ 8.6 × 2

⑥ 2.5 × 8

⑦ 12.6 × 5

⑧ 0.9 × 6

● 答えの大きい方を通ってゴールまで行きましょう。通った答えを下の □ に書きましょう。

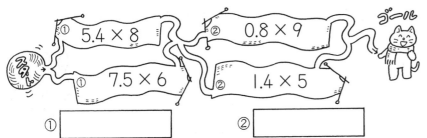

① 5.4 × 8
① 7.5 × 6
② 0.8 × 9
② 1.4 × 5
ゴール

① _____

② _____

## 小数のかけ算（4）
小数第一位×2けた

名前 _____

①
```
      2.6
  ×   5 2
      5 2
  1 3 0
  1 3 5.2
```

 小数点は, かけられる数に そろえてうつよ。

②
```
      6.3
  ×   4 9
```

③
```
      0.8
  ×   3 5
```

④
```
      4.7
  ×   3 8
```

⑤
```
      7.5
  ×   2 3
```

⑥
```
      5.4
  ×   8 0
```

⑦
```
      0.9
  ×   6 5
```

73

## 小数のかけ算（5）

小数第一位 × 2 けた

名
前 _____

① 3.6 × 45

② 8.2 × 36

③ 5.4 × 61

④ 0.3 × 86

⑤ 4.5 × 28

⑥ 0.7 × 50

⑦ 28.6 × 33

⑧ 14.7 × 54

## 小数のかけ算（6）

小数第二位 × 1 けた

名
前 _____

1 ①

```
  2.5 4
×     3
─────────
  7.6 2
```

小数点を
わすれずに。

②

```
  0.2 3
×     4
─────────
```

③

```
  5.1 9
×     6
─────────
```

④

```
  0.4 6
×     8
─────────
```

⑤

```
  3.2 8
×     5
─────────
```

2 ① 4.71 × 9

② 0.19 × 7

③ 8.43 × 3

④ 0.05 × 6

⑤ 6.52 × 8

## 小数のかけ算（7）

小数第二位 ×2けた

名前 _____

①
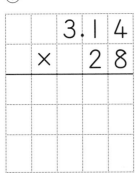
```
    3.14
×    28
```

②
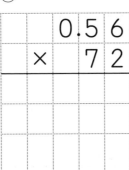
```
    0.56
×    72
```

③
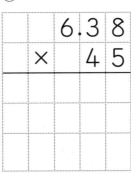
```
    6.38
×    45
```

④
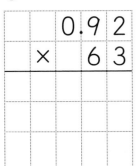
```
    0.92
×    63
```

⑤
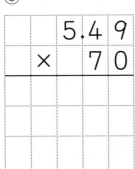
```
    5.49
×    70
```

⑥
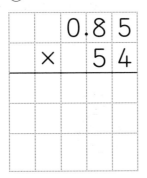
```
    0.85
×    54
```

● 答えの大きい方を通ってゴールしましょう。通った答えを下の ☐ に書きましょう。

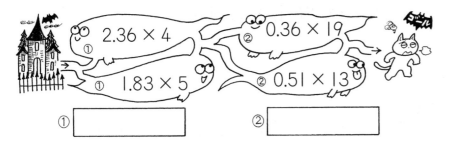

① 2.36 × 4
② 0.36 × 19
① 1.83 × 5
② 0.51 × 13

① _____
② _____

## 小数のかけ算（8）

小数第二位 ×1けた・2けた

名前 _____

① 8.37 × 6
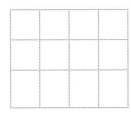

② 0.72 × 9
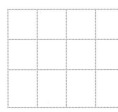

③ 6.26 × 5
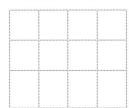

④ 1.94 × 34

⑤ 0.68 × 95

⑥ 5.05 × 62

⑦ 2.88 × 73

⑧ 0.07 × 50
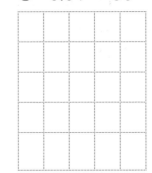

75

## 小数のかけ算（9）

名前 _____

① 1.8L 入りのジュースが 9 本あります。
　全部で何 L ですか。

式

　　　　　　答え _____

② 公園の花だんのたての長さは 8.5m，
横の長さは 12m です。
　この公園の面積は何 ㎡ですか。

式

　　　　　　答え _____

③ ゆうきさんは，１周 2.4km の池のまわりを
毎日１周ずつ２週間走りました。
　全部で何 km 走りましたか。

式

　　　　　　答え _____


## 小数のかけ算（10）

名前 _____

① 高さ 8.72cm の箱を 7 こつみ重ねると，
全体の高さは何 cm になりますか。

式

　　　　　　答え _____

② １まいの重さが 0.48kg の板があります。
　この板 36 まいの重さは何 kg ですか。

式

　　　　　　答え _____

③ 8つのコップにジュースを同じりょうずつ
分けると，0.65L ずつになりました。
　ジュースは全部で何 L ありますか。

式

　　　　　　答え _____

# 小数のわり算（1）

小数第一位 ÷ 1けた

名前 _____

①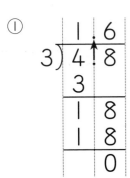

❶ 整数部分の計算をする。
❷ わられる数の小数点にそろえて商の小数点をうつ。
❸ 整数のわり算と同じように続きを計算する。

②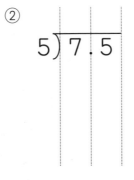

③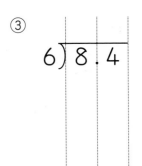

④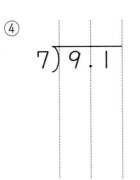

⑤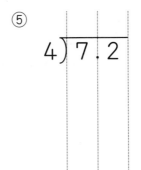

⑥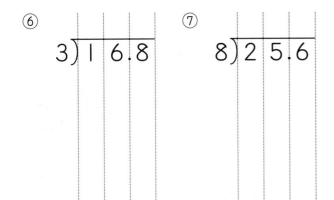

⑦

# 小数のわり算（2）

小数第一位 ÷ 2けた

名前 _____

①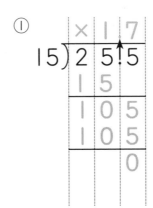

② ③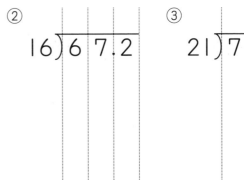

④ ⑤ ⑥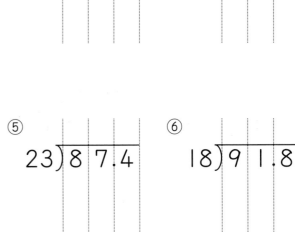

 小数点をうつ以外は整数のわり算と同じだよ。

77

## 小数のわり算 （3）

小数第一位 ÷1けた・2けた

名前 _____

① 4)6.4　　② 6)40.8　　③ 24)67.2

④ 19)81.7　　⑤ 3)5.7　　⑥ 37)59.2

● 答えの大きい方を通ってゴールまで行きましょう。通った答えを下の □ に書きましょう。

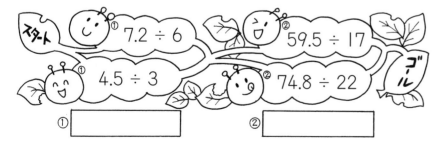

① 7.2 ÷ 6　　② 59.5 ÷ 17
① 4.5 ÷ 3　　② 74.8 ÷ 22

① [　　　　] ② [　　　　]

## 小数のわり算 （4）

小数第二位 ÷1けた・2けた

名前 _____

① 
```
    1.8 8
4)7.5 2
  4
  3 5
  3 2
    3 2
    3 2 0
        0
```

小数点は，わられる数の小数点にあわせてうつよ。

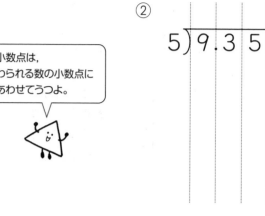

② 5)9.35

③ 3)6.63　　④ 6)7.44　　⑤ 2)9.16

⑥ 13)40.56　　⑦ 22)89.76

78

小数第二位 ÷1けた・2けた

名前 _____

① 3)9.84

② 5)7.15

③ 7)8.12

④ 4)8.36

⑤ 18)51.48

⑥ 42)65.52

● 答えの大きい方を通ってゴールまで行きましょう。通った答えを下の ☐ に書きましょう。

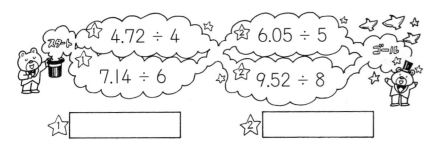

☆1 4.72 ÷ 4
☆1 7.14 ÷ 6
☆2 6.05 ÷ 5
☆2 9.52 ÷ 8

スタート　ゴール

☆1 ☐　　☆2 ☐

商が真小数

名前 _____

① 6)4.2
0.☐

4 は 6 より小さいので
商の一の位は0になるよ。

② 7)3.5

③ 4)2.4

④ 67)53.6

⑤ 35)31.5

⑥ 28)16.8

⑦ 52)15.6

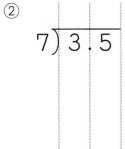

79

## 小数のわり算（7）

商が真小数

名前 _____

① 
```
     0 . 0 □
  8 ) 0 . 5 6
```

商はどの位に
たつかな。

② 
```
  5 ) 0 . 4 5
```

③ 
```
  31 ) 0 . 9 3
```

④ 
```
  24 ) 1 . 9 2
```

⑤ 
```
  46 ) 3 . 2 2
```

⑥ 
```
  38 ) 9 . 1 2
```

⑦ 
```
  51 ) 8 . 6 7
```

## 小数のわり算（8）

いろいろな型

名前 _____

① 
```
  8 ) 9 . 2 8
```

② 
```
  2 ) 6 . 7 2
```

③ 
```
  36 ) 2 8 . 8
```

④ 
```
  48 ) 7 . 6 8
```

⑤ 
```
  17 ) 0 . 8 5
```

● 答えの大きい方を通ってゴールまで行きましょう。通った答えを下の □ に書きましょう。

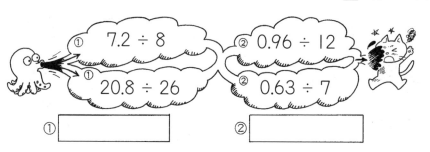

① 7.2 ÷ 8    ② 0.96 ÷ 12

① 20.8 ÷ 26    ② 0.63 ÷ 7

① _____    ② _____

80

● 商は一の位まで求めてあまりも出しましょう。
　また，答えのたしかめもしましょう。

①
```
      2
  3)7.6 2
    6
    1 6 2
```
（ 2あまり1.62 ）

たしかめ
3×2+1.62＝ ☐

②
```
  4)8.1 2
```
（　　　　　）

たしかめ

③
```
  2)9.6
```
（　　　　　）

たしかめ

④
```
  7)5 8.1
```
（　　　　　）

たしかめ

⑤
```
  5)7 3.5
```
（　　　　　）

たしかめ

1 わりきれるまで計算しましょう。

①
```
  16)6
```

②
```
  4)9
```

③
```
  12)1 0.5
```

2 商は四捨五入して，$\frac{1}{10}$ の位までのがい数で求めましょう。

①
```
  3)7
```

②
```
  9)6.8
```

③
```
  3)3.1 7
```

約（　　　）　約（　　　）　約（　　　）

$\frac{1}{100}$ の位の数を四捨五入したらいいね。

● 右の表を見て，リボンの長さをくらべましょう。

リボンの長さ

| 赤 | 5m |
|---|---|
| 黄 | 6m |
| 白 | 4m |
| 緑 | 10m |

① 緑は赤の長さの何倍ですか。

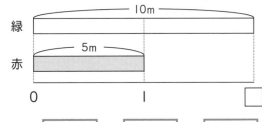

5 × □ = 10
だから…。

式　 10 ÷ 5 = [　]　　答え _____

② 黄は赤の長さの何倍ですか。

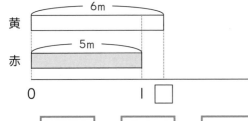

5 × □ = 6
になるね。

式　[　] ÷ [　] = [　]　　答え _____

③ 白は赤の長さの何倍ですか。

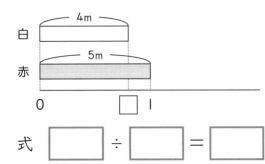

5 × □ = 4
になるね。

式　[　] ÷ [　] = [　]　　答え _____

● 次の 3 つのケーキのねだんをくらべましょう。

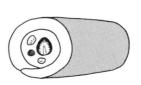  

ロールケーキ　　モンブラン　　ショートケーキ
1200円　　　　600円　　　　500円

① ロールケーキのねだんは，
　ショートケーキのねだんの何倍ですか。

500 × □ = 1200
と考えるといいね。

式

答え _____

② モンブランのねだんは，
　ショートケーキのねだんの何倍ですか。

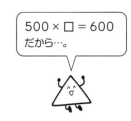

500 × □ = 600
だから…。

式

答え _____

82

## 小数のわり算（13）

名前

① ジュースが 24.8dL あります。
4つのびんに同じりょうずつ分けると，
何dL ずつになりますか。

式

答え _____

② たての長さが 12m で，面積が 93.6㎡ の
長方形の花だんがあります。
この花だんの横の長さは何 m ですか。

式

答え _____

③ 1dL のペンキで 5㎡ のかべをぬることが
できます。8.65㎡ のかべをぬるには
何dL のペンキがいりますか。

式

答え _____

## 小数のわり算（14）

名前

① 34cm のはり金の重さをはかると 15.3g
でした。このはり金 1cm の重さは何 g ですか。

式

答え _____

② まわりの長さが 18cm の正方形の
1辺の長さは何 cm ですか。

式

答え _____

③ 7.23m のリボンを 1 人に 2m ずつ分けると，
何人に分けられて，何 m あまりますか。

式

答え _____

## 小数のかけ算・わり算 (1) 名前 _____

1. 面積が 87.6㎡ の長方形の畑のたての長さは 6m です。この畑の横の長さは何 m ですか。

式

答え _____

2. いもほりに行き, 58.8kg のいもがとれました。21人で同じ量ずつ分けると, 1人分は何kg になりますか。

式

答え _____

3. ゆうたさんは, 牛にゅうを毎日 0.95L ずつ飲みます。20日間では何 L 飲んだことになりますか。

式

答え _____

## 小数のかけ算・わり算 (2) 名前 _____

1. 1dL のペンキで 1.92㎡ のかべをぬることができます。25dL のペンキでは何㎡ のかべをぬることができますか。

式

答え _____

2. 7L の重さが 6.2kg の油があります。この油 1L の重さは何kg ですか。四捨五入して, $\frac{1}{10}$ の位までのがい数で求めましょう。

式

答え _____

3. りくさんの体重は 36kg です。お兄さんの体重は 63kg です。お兄さんの体重は, りくさんの体重の何倍ですか。

式

答え _____

# ふりかえりテスト 小数のかけ算・わり算　名前

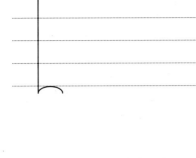

1 計算しましょう。(7×6)

① 6.8 × 3

② 0.9 × 7

③ 8.5 × 42

④ 0.46 × 70

⑤ 7.25 × 9

⑥ 0.63 × 8

2 計算しましょう。(7×6)

① 7.8 ÷ 6

② 60.2 ÷ 14

③ 9.44 ÷ 8

④ 51.8 ÷ 74

⑤ 62.5 ÷ 4
商は一の位まで求めて、あまりも出しましょう。

⑥ 7.6 ÷ 26
商は四捨五入して、$\frac{1}{10}$の位までのがい数で求めましょう。

（　　　あまり　　　）　（約　　　　　　）

3 池のまわりを5周すると、8km 走ったことになります。この池の1周分は何km ですか。(8)

式

答え

4 ホットケーキを1人前作るのに、さとうを35.2g 使います。7人前では、さとうは何g 使いますか。(8)

式

答え

85

## 変わり方調べ（1）

名前 _____

● 同じ長さのストローを使って，正方形をつくります。
　正方形が１こ，２こ，３こ，…とふえると，ストローの数はどう変わるか調べましょう。

① 正方形が３こ，４このときストローの数は何本ですか。

３こ  　（　　　　　）本

４こ 　（　　　　　）本

② 正方形の数とストローの数を表にまとめましょう。

| 正方形の数（こ） | 1 | 2 | 3 | 4 | 5 | 6 | |
|---|---|---|---|---|---|---|---|
| ストローの数（本） | 4 | 7 | | | | | |

③ 正方形の数が１こふえると，
　ストローの数は何本ふえていますか。　（　　　　　）本

④ 正方形を８こ，10こつくるには，それぞれストローは何本いりますか。

　　８こ（　　　　　）本　　10こ（　　　　　）本

---

## 変わり方調べ（2）

名前 _____

● 長さ１㎝のひごを使って，正三角形をつくります。
　正三角形が１こ，２こ，３こ，…とふえると，まわりの長さはどう変わるか調べましょう。

① 正三角形の こ数とまわりの長さの関係を表にまとめましょう。

| 正三角形の数（こ） | 1 | 2 | 3 | 4 | 5 | 6 | |
|---|---|---|---|---|---|---|---|
| まわりの長さ（㎝） | 3 | 4 | | | | | |

② 正三角形の こ数を□こ，まわりの長さを○㎝として式に表します。□に数を書きましょう。

　　□ ＋ □ ＝ ○

③ 正三角形の こ数が９こ，12このとき，まわりの長さはそれぞれ何㎝ですか。

　　９こ　式　　　　　　　　　　　（　　　　　）㎝

　　12こ　式　　　　　　　　　　　（　　　　　）㎝

## 変わり方調べ（3）

名前 _____

● 1辺が1cmの正方形をならべて，かいだんの形をつくります。1だん，2だん，…と だんの数がふえると，まわりの長さはどう変わるか調べましょう。

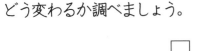 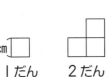  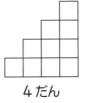

1cm
1だん　2だん　3だん　4だん

① だんの数と正方形のまわりの長さを表にまとめましょう。

| だんの数（だん） | 1 | 2 | 3 | 4 | 5 | 6 |
|---|---|---|---|---|---|---|
| まわりの長さ（cm） | 4 | 8 | | | | |

② だんの数が1だんふえると，まわりの長さは何cmずつふえますか。　　　（　　　　　）cm

③ だんの数を□だん，まわりの長さを○cmとして，□と○の関係を式に表しましょう。

だんの数　　　　まわりの長さ

□に入る決まった数は何かな。

式 _____

④ だんの数が12だんのとき，まわりの長さは何cmですか。

式　　　　　　　　　　　　　　（　　　　　）cm

## 変わり方調べ（4）

名前 _____

● 下の図のように，正三角形の1辺の長さを1cm，2cm，3cm，…と変えていくと，まわりの長さはどう変わるか調べましょう。

  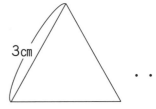

1cm　2cm　3cm　・・・・・

① 1辺の長さとまわりの長さを表にまとめましょう。

| 1辺の長さ（cm） | 1 | 2 | 3 | 4 | 5 | 6 |
|---|---|---|---|---|---|---|
| まわりの長さ（cm） | 3 | | | | | |

② 1辺の長さが1cm長くなると，まわりの長さは何cmずつふえますか。　　　（　　　　　）cm

③ 1辺の長さを□cm，まわりの長さを○cmとして，□と○の関係を式に表しましょう。

式　□ × ［　　　］ = ○

④ 1辺の長さが8cm，15cmのとき，まわりの長さはそれぞれ何cmですか。

8cm　式　　　　　　　　　（　　　　　）cm

15cm　式　　　　　　　　（　　　　　）cm

## 分数 (1)

名前 _____

① 次の㋐〜㋔の長さを分数で表しましょう。

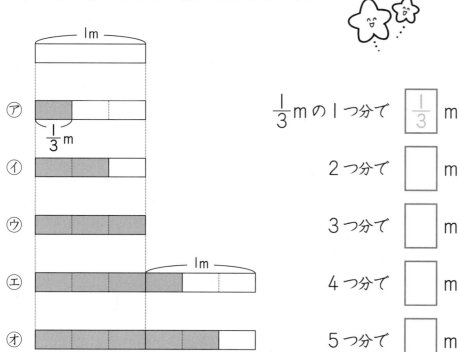

$\frac{1}{3}$m の 1 つ分で $\boxed{\frac{1}{3}}$ m

2 つ分で ☐ m

3 つ分で ☐ m

4 つ分で ☐ m

5 つ分で ☐ m

② 次の㋕, ㋖の長さを分数で表しましょう。

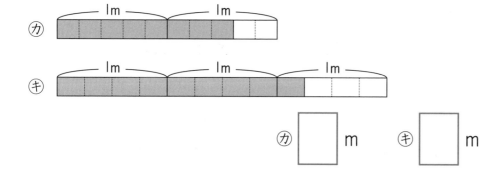

㋕ ☐ m    ㋖ ☐ m

## 分数 (2)

名前 _____

① 次の㋐〜㋒の長さを帯分数で表しましょう。

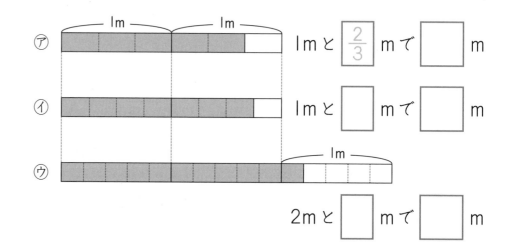

1m と $\boxed{\frac{2}{3}}$ m で ☐ m

1m と ☐ m で ☐ m

2m と ☐ m で ☐ m

② 次の長さだけ色をぬりましょう。

㋐ $1\frac{1}{6}$m

㋑ $1\frac{4}{5}$m

③ 次の分数を真分数, 仮分数, 帯分数に分けましょう。

㋐ $\frac{5}{6}$   ㋑ $\frac{7}{7}$   ㋒ $1\frac{3}{8}$   ㋓ $\frac{10}{9}$

真分数 (　　　)　仮分数 (　　　)　帯分数 (　　　)

## 分数（3）

名前 _____

① 次の長さは何 m ですか。仮分数と帯分数の両方で表しましょう。

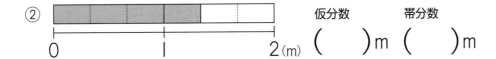

① 0　1　2(m)　仮分数 (　　)m　帯分数 (　　)m

② 0　1　2(m)　仮分数 (　　)m　帯分数 (　　)m

② 次の水のかさは何 L ですか。仮分数と帯分数の両方で表しましょう。

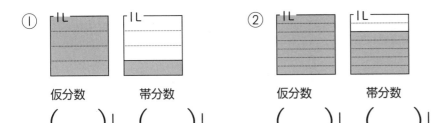

① 仮分数 (　　)L　帯分数 (　　)L
② 仮分数 (　　)L　帯分数 (　　)L

③ 次の数直線の分数を仮分数と帯分数の両方で表しましょう。

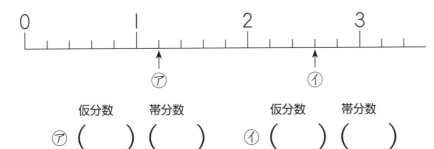

⑦ 仮分数 (　　) 帯分数 (　　)　　⑦ 仮分数 (　　) 帯分数 (　　)


## 分数（4）

名前 _____

① $\frac{7}{5}$ を帯分数になおしましょう。

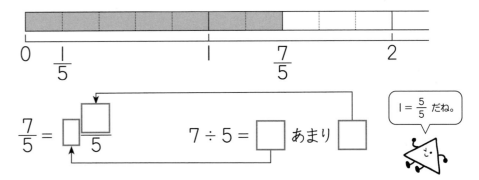

$\frac{7}{5} = \boxed{\phantom{0}}\frac{\boxed{\phantom{0}}}{5}$　　$7 \div 5 = \boxed{\phantom{0}}$ あまり $\boxed{\phantom{0}}$

$1 = \frac{5}{5}$ だね。

② 次の仮分数を帯分数か整数で表しましょう。

① $\frac{9}{4}$　　② $\frac{21}{7}$　　③ $\frac{13}{8}$　　④ $\frac{15}{6}$

③ $2\frac{2}{3}$ を仮分数になおしましょう。

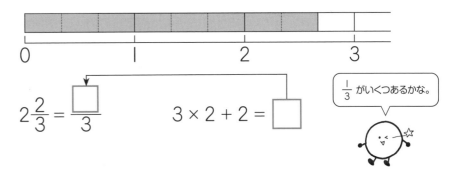

$2\frac{2}{3} = \frac{\boxed{\phantom{0}}}{3}$　　$3 \times 2 + 2 = \boxed{\phantom{0}}$

$\frac{1}{3}$ がいくつあるかな。

④ 次の帯分数を仮分数で表しましょう。

① $1\frac{1}{6}$　　② $2\frac{3}{4}$　　③ $3\frac{2}{5}$　　④ $1\frac{5}{7}$

89

| 分数 (5) | 名前 |
|---|---|

1　赤いテープが $\dfrac{10}{3}$ m，青いテープが $3\dfrac{2}{3}$ m あります。

どちらの方が長いですか。

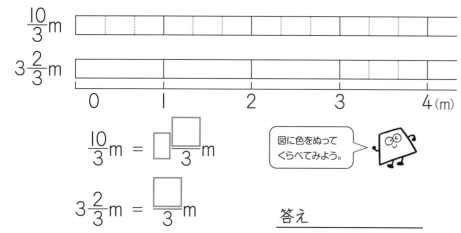

$\dfrac{10}{3}$ m ＝ □□ $\dfrac{}{3}$ m

図に色をぬってくらべてみよう。

$3\dfrac{2}{3}$ m ＝ $\dfrac{}{3}$ m

答え _____

2　□にあてはまる不等号を書きましょう。

① $\dfrac{13}{5}$ □ $2\dfrac{4}{5}$　　② $2\dfrac{6}{7}$ □ $\dfrac{18}{7}$

③ $\dfrac{20}{8}$ □ $2\dfrac{5}{8}$　　④ $3\dfrac{5}{6}$ □ $\dfrac{21}{6}$

●　数の大きい方を通りましょう。下の□に通った方の分数を書きましょう。

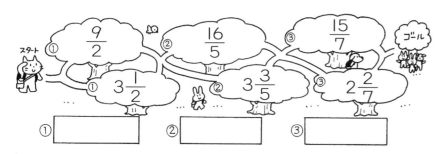

① ____　② ____　③ ____

| 分数 (6) | 名前 |
|---|---|

●　下の数直線をみて答えましょう。

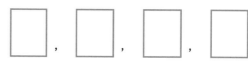

①　$\dfrac{1}{2}$ と大きさの等しい分数を書きましょう。

□ , □ , □ , □

②　□にあてはまる等号や不等号を書きましょう。

㋐ $\dfrac{1}{6}$ □ $\dfrac{1}{9}$　㋑ $\dfrac{2}{8}$ □ $\dfrac{1}{4}$　㋒ $\dfrac{3}{8}$ □ $\dfrac{3}{10}$

## 分数 (7)
分数のたし算

名前

1　ジュースがビンに $\frac{3}{5}$ L，コップに $\frac{4}{5}$ L 入っています。
　　ジュースはあわせて何 L ですか。

　　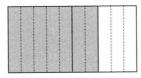

$\frac{1}{5}$ が □ こ　　$\frac{1}{5}$ が □ こ　　$\frac{1}{5}$ が □ こ

式　$\frac{3}{5} + \frac{4}{5} =$ □

　　　　　　$=$ □ □

　　　　　　　　　　答え ＿＿＿＿＿＿

2　計算をしましょう。答えは帯分数か整数になおしましょう。

① $\frac{3}{7} + \frac{6}{7} =$　　　　② $\frac{4}{9} + \frac{8}{9} =$

③ $\frac{7}{6} + \frac{4}{6} =$　　　　④ $\frac{4}{3} + \frac{5}{3} =$

⑤ $\frac{11}{5} + \frac{3}{5} =$　　　　⑥ $\frac{5}{4} + \frac{10}{4} =$

⑦ $\frac{9}{8} + \frac{7}{8} =$　　　　⑧ $\frac{8}{10} + \frac{13}{10} =$

## 分数 (8)
分数のひき算

名前

1　オレンジジュースが $\frac{7}{5}$ L，りんごジュースが $\frac{3}{5}$ L あります。
　　ちがいは何 L ですか。

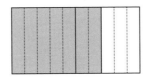　

$\frac{1}{5}$ が □ こ　　$\frac{1}{5}$ が □ こ

式　$\frac{7}{5} - \frac{3}{5} =$ □

　　　　　　　　　　答え ＿＿＿＿＿＿

2　計算をしましょう。答えが整数になおせるものはなおしましょう。

① $\frac{10}{7} - \frac{6}{7} =$　　　　② $\frac{11}{8} - \frac{4}{8} =$

③ $\frac{9}{2} - \frac{5}{2} =$　　　　④ $\frac{13}{10} - \frac{8}{10} =$

⑤ $\frac{12}{9} - \frac{5}{9} =$　　　　⑥ $\frac{16}{5} - \frac{1}{5} =$

⑦ $\frac{9}{6} - \frac{5}{6} =$　　　　⑧ $\frac{7}{4} - \frac{3}{4} =$

1  $2\frac{2}{5}+1\frac{1}{5}$ の答えを図に色をぬって考えましょう。

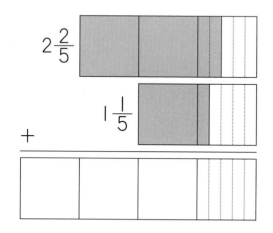

$2\frac{2}{5}$

$1\frac{1}{5}$

$+$

$2\frac{2}{5}+1\frac{1}{5}$

$= ② \boxed{\frac{2}{5}} + ① \boxed{\frac{1}{5}}$

$= ○ \boxed{\phantom{-}}$

整数部分どうし
分数部分どうし
計算するよ。

2  次の計算をしましょう。

① $1\frac{2}{6}+2\frac{3}{6}=\boxed{\phantom{0}}$

② $3\frac{4}{9}+\frac{1}{9}=\boxed{\phantom{0}}$

③ $2\frac{3}{8}+2\frac{4}{8}=\boxed{\phantom{0}}$

④ $4+1\frac{6}{7}=\boxed{\phantom{0}}$

⑤ $\frac{3}{10}+2\frac{6}{10}=\boxed{\phantom{0}}$

⑥ $1\frac{5}{6}+3=\boxed{\phantom{0}}$

1  $1\frac{3}{5}+1\frac{4}{5}$ の計算をしましょう。

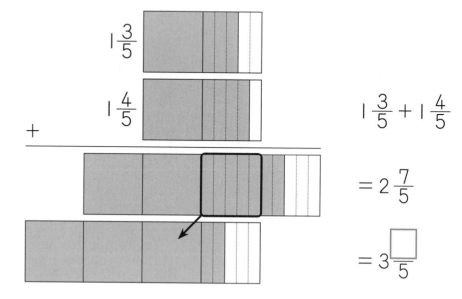

$1\frac{3}{5}$

$1\frac{4}{5}$

$+$

$1\frac{3}{5}+1\frac{4}{5}$

$=2\frac{7}{5}$

$=3\frac{\boxed{\phantom{0}}}{5}$

2  次の計算をしましょう。

① $2\frac{3}{7}+\frac{6}{7}=\boxed{\phantom{0}}$

$=\boxed{\phantom{0}}$

② $3\frac{2}{3}+1\frac{1}{3}=\boxed{\phantom{0}}$

$=\boxed{\phantom{0}}$

③ $1\frac{7}{8}+1\frac{5}{8}=\boxed{\phantom{0}}$

$=\boxed{\phantom{0}}$

④ $2\frac{3}{4}+1\frac{3}{4}=\boxed{\phantom{0}}$

$=\boxed{\phantom{0}}$

## 分数 (11)
分数のたし算

名前

● 次の計算をしましょう。答えが帯分数（たいぶんすう）になおせるものは
なおしましょう。

① $1\frac{2}{7} + 2\frac{3}{7} =$

② $3\frac{5}{8} + \frac{2}{8} =$

③ $5 + 1\frac{4}{9} =$

④ $\frac{11}{10} + \frac{6}{10} =$

⑤ $2\frac{5}{6} + 1\frac{4}{6} =$

⑥ $1\frac{4}{5} + 2\frac{4}{5} =$

● 答えの大きい方を通りましょう。下の □ に通った方の答えを書きましょう。

① $\frac{11}{10} + \frac{9}{10}$　　② $1\frac{11}{12} + 1\frac{2}{12}$

① $1\frac{3}{10} + \frac{6}{10}$　　② $2\frac{9}{12} + \frac{1}{12}$

①

②

## 分数 (12)
帯分数のひき算

名前

① $2\frac{3}{5} - 1\frac{1}{5}$ の計算をしましょう。

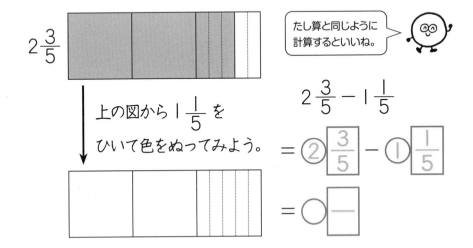

$2\frac{3}{5}$

上の図から $1\frac{1}{5}$ を
ひいて色をぬってみよう。

たし算と同じように
計算するといいね。

$2\frac{3}{5} - 1\frac{1}{5}$

$= ②\boxed{\frac{3}{5}} - ①\boxed{\frac{1}{5}}$

$= \bigcirc\boxed{\phantom{-}}$

② 次の計算をしましょう。

① $3\frac{6}{7} - 2\frac{2}{7} = \boxed{\phantom{0}}$　　② $2\frac{2}{3} - 2 = \boxed{\phantom{0}}$

③ $2\frac{3}{4} - \frac{2}{4} = \boxed{\phantom{0}}$　　④ $3\frac{5}{8} - 3\frac{1}{8} = \boxed{\phantom{0}}$

⑤ $4\frac{5}{6} - \frac{5}{6} = \boxed{\phantom{0}}$　　⑥ $3\frac{7}{9} - 2\frac{5}{9} = \boxed{\phantom{0}}$

93

1  $2\frac{2}{5} - 1\frac{3}{5}$ を計算しましょう。

㋐  $2\frac{2}{5} - 1\frac{3}{5} = \frac{\Box}{5} - \frac{\Box}{5}$

$= \frac{\Box}{5}$

㋑  $2\frac{2}{5} - 1\frac{3}{5} = 1\frac{\Box}{5} - 1\frac{3}{5}$

$= \frac{\Box}{5}$

2  次の計算をしましょう。答えが帯分数になおせるものは
なおしましょう。

①  $3\frac{3}{8} - 2\frac{5}{8} =$

②  $2\frac{1}{7} - \frac{5}{7} =$

③  $3 - \frac{5}{6} =$

④  $3\frac{1}{4} - 1\frac{2}{4} =$

⑤  $2\frac{4}{9} - 1\frac{7}{9} =$

⑥  $5 - 2\frac{2}{3} =$

●  次の計算をしましょう。答えが帯分数になおせるものは
なおしましょう。

①  $\frac{13}{7} - \frac{8}{7} =$

②  $3\frac{7}{8} - 2\frac{2}{8} =$

③  $2\frac{1}{6} - 2 =$

④  $1\frac{5}{10} - \frac{5}{10} =$

⑤  $3\frac{5}{9} - 1\frac{6}{9} =$

⑥  $2 - 1\frac{4}{5} =$

●  答えの大きい方を通りましょう。下の ☐ に通った方の答えを書きましょう。

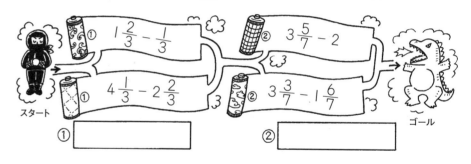

①  $1\frac{2}{3} - \frac{1}{3}$     ②  $3\frac{5}{7} - 2$

①  $4\frac{1}{3} - 2\frac{2}{3}$     ②  $3\frac{3}{7} - 1\frac{6}{7}$

スタート     ゴール

①  ☐     ②  ☐

## 分数 （15）

名前

● 答えが帯分数（<ruby>たいぶんすう<rt></rt></ruby>）になおせるものはなおしましょう。

① 家から駅まで $2\frac{5}{6}$ km あります。 $1\frac{1}{6}$ km 歩きました。
のこりは何 km ですか。

式

答え _____

② $1\frac{7}{9}$ kg のりんごを $\frac{1}{9}$ kg のかごに入れました。
全部で何 kg ですか。

式

答え _____

③ 牛にゅうが 2L あります。妹と 2 人で $1\frac{6}{8}$ L 飲みました。
のこりは何 L ですか。

式

答え _____

## 分数 （16）

名前

● 答えが帯分数（<ruby>たいぶんすう<rt></rt></ruby>）になおせるものはなおしましょう。

① 水そうに水が $1\frac{6}{7}$ L 入っています。そこへ，水を $1\frac{5}{7}$ L
入れました。水は全部で何 L ですか。

式

答え _____

② 親犬の体重は $20\frac{3}{10}$ kg です。小犬の体重は $5\frac{7}{10}$ kg です。
体重のちがいは何 kg ですか。

式

答え _____

● 答えの大きい方を通りましょう。下の ☐ に通った方の答えを書きましょう。

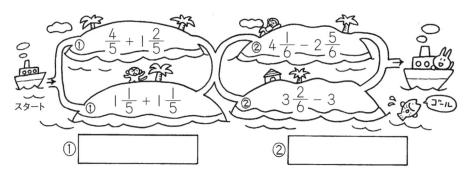

① ［　　　　　　］　　　　② ［　　　　　　］

1 次のかさは、何Lですか。帯分数と仮分数で表しましょう。(5×2)

IL　　　IL

帯分数 [　]L　仮分数 [　]L

2 下の数直線の分数を帯分数と仮分数で表しましょう。(5×4)

0　　1　　2　　3
　　　　　⑦　①

⑦ 帯分数（　　）　仮分数（　　）

① 帯分数（　　）　仮分数（　　）

3 次の仮分数を帯分数や整数になおしましょう。(5×3)

① $\frac{16}{7}$（　　）　② $\frac{18}{5}$（　　）

③ $\frac{12}{3}$（　　）

4 次の帯分数を仮分数になおしましょう。(5×2)

① $1\frac{1}{4}$（　　）

② $2\frac{3}{8}$（　　）

5 次の計算をしましょう。答えが帯分数にできるものは帯分数にしましょう。(6×6)

① $\frac{6}{8} + \frac{5}{8} =$

② $2\frac{4}{6} + 3\frac{1}{6} =$

③ $1\frac{5}{7} + 1\frac{4}{7} =$

④ $3\frac{9}{12} - \frac{5}{12} =$

⑤ $3 - 1\frac{8}{9} =$

⑥ $2\frac{3}{10} - 1\frac{5}{10} =$

6 ポットにお茶が $2\frac{1}{4}$ L入っています。そのうち、$\frac{3}{4}$ L飲みました。のこりは何Lですか。(9)

式

答え

## 直方体と立方体 (1)

名前 _____

① 次の ☐ にあうことばを下の ⁙⁙⁙ からえらんで書きましょう。

① 長方形だけで囲まれている形や，長方形や正方形で囲まれた

形を ☐ といいます。

② 正方形だけで囲まれている形を ☐ といいます。

③ 立方体・直方体の面のように，平らな面を ☐ と

いいます。

> 立方体　　直方体　　平面

② 直方体・立方体の面の数，辺の数，頂点の数を調べ，下の表にまとめましょう。

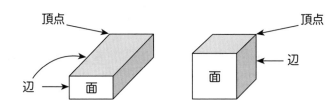

| | 面の数 | 辺の数 | 頂点の数 |
|---|---|---|---|
| 直方体 | 6 | | |
| 立方体 | | | |

## 直方体と立方体 (2)

名前 _____

● 次の直方体と立方体の展開図の続きをかきましょう。

① 直方体

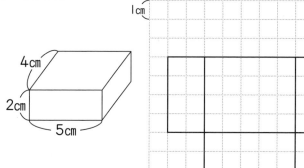

箱を切り開いていくと……。

② 立方体

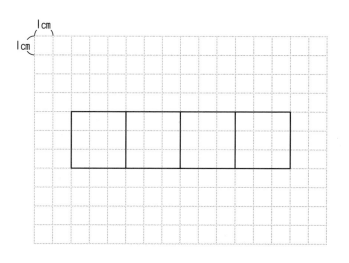

1　右の直方体の展開図を
組み立てます。

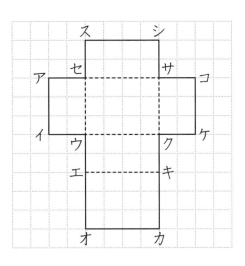

① 点シと重なる点は，どれと
どれですか。

点（　　　）　点（　　　）

② 辺エオと重なる辺は，
どれですか。

辺（　　　　　　）

2　次のア～ウで直方体の正しい展開図に○をしましょう。

ア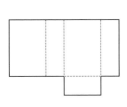　　イ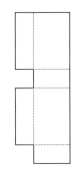　　ウ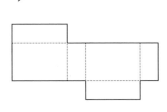

3　次のア～ウで立方体の正しい展開図に○をしましょう。

ア　　イ　　ウ

1　次の直方体で，面あ，面え，面かと平行な面をそれぞれ
答えましょう。

向かい合った面は平行だよ。

面あと平行　　　面えと平行　　　面かと平行

面（　　　）　　　面（　　　）　　　面（　　　）

2　次の直方体で，面あと垂直な面をすべて答えましょう。

面（　い　）　面（　　　）

面（　　　）　面（　　　）

となり合った面は垂直だよ。

3　次の立方体で，面おと平行な面，面うと垂直な面をそれぞれ
答えましょう。

面おと平行　面（　　　）

面うと垂直　面（　　　）　　面（　　　）

面（　　　）　　面（　　　）

# 直方体と立方体 (5)　名前

① 次の直方体で，辺カキに平行な辺を答えましょう。

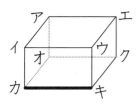

辺 ( アエ )

辺 (　　　　)

辺 (　　　　)

同じ向きの辺は
どれかな？

② 次の直方体で，辺アイに垂直な辺を答えましょう。

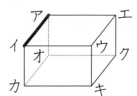

辺 ( アエ )　辺 (　　　　)

辺 (　　　　)　辺 (　　　　)

1つの辺に対して
垂直な辺は4本あるよ。

③ 次の立方体で，辺エクと平行な辺を答えましょう。
また，辺イウと垂直な辺を答えましょう。

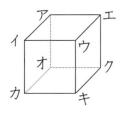

辺エクと平行

辺 (　　　　)　辺 (　　　　)

辺 (　　　　)

辺イウと垂直

辺 (　　　　)　辺 (　　　　)

辺 (　　　　)　辺 (　　　　)

# 直方体と立方体 (6)　名前

① 次の直方体で，面アイウエと平行な辺を答えましょう。

辺 ( オカ )

辺 (　　　　)

辺 (　　　　)

辺 (　　　　)

面アイウエと
平行な面は
面オカキクだから…。

② 次の直方体で，面オカキクと垂直な辺を答えましょう。

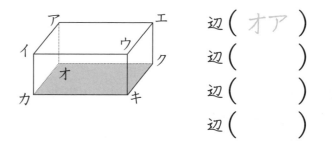

辺 ( オア )

辺 (　　　　)

辺 (　　　　)

辺 (　　　　)

③ 次の立方体で，面ウキクエと平行な辺を答えましょう。
また，面イカキウと垂直な辺を答えましょう。

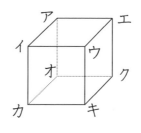

面ウキクエと平行

辺 (　　　　)　辺 (　　　　)

辺 (　　　　)　辺 (　　　　)

面イカキウと垂直

辺 (　　　　)　辺 (　　　　)

辺 (　　　　)　辺 (　　　　)

# 直方体と立方体 (7)

名前 _____

① 下のような直方体と立方体の見取図の続きをかきましょう。

①
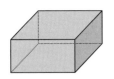
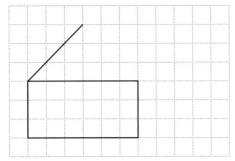

②

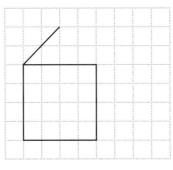

② たて 4cm, 横 3cm, 高さ 3cm の
直方体があります。見取図と展開図
の続きをかきましょう。

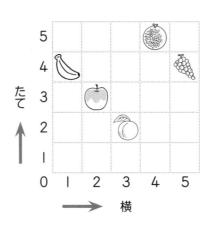

見取図
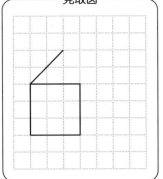

展開図
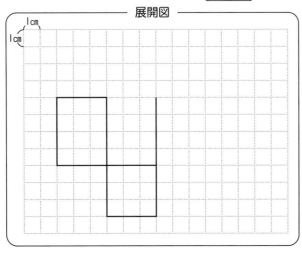

# 直方体と立方体 (8)

名前 _____

① 次の果物の位置を (れい) にならって書きましょう。

横 たて

(れい) もも ( 3 の 2 )

① ぶどう ( の )

② りんご ( の )

③ バナナ ( の )

④ メロン ( の )

② 下の図で, 点アの位置をもとにして, 点イ, ウ, エの位置を
横とたての長さで表しましょう。

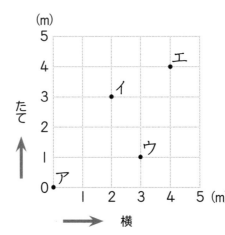

点ア ( 横 0 m, たて 0 m )

点イ ( 横 m, たて m )

点ウ ( 横 m, たて m )

点エ ( 横 m, たて m )

## 直方体と立方体 （9）

名前

● 下の図で，点アの位置をもとにして，動物の位置を横とたてと
高さで表しましょう。

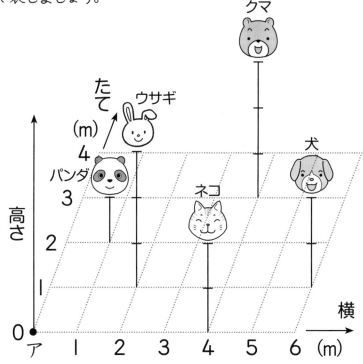

犬　　　（ 横　6 m, たて　1 m, 高さ　2 m ）

ネコ　　（ 横　　m, たて　　m, 高さ　　m ）

パンダ　（ 横　　m, たて　　m, 高さ　　m ）

ウサギ　（ 横　　m, たて　　m, 高さ　　m ）

クマ　　（ 横　　m, たて　　m, 高さ　　m ）

## 直方体と立方体 （10）

名前

① 下の直方体で，頂点アの位置をもとにして，ほかの頂点の位置を
表しましょう。

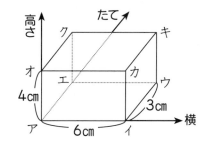

頂点 キ
（ 横 6 ㎝, たて 3 ㎝, 高さ 4 ㎝ ）

頂点 エ
（ 横　㎝, たて　㎝, 高さ　㎝ ）

頂点 ウ
（ 横　㎝, たて　㎝, 高さ　㎝ ）

頂点 カ
（ 横　㎝, たて　㎝, 高さ　㎝ ）

② アのように点をとり，アからじゅんに点を直線でつなぎましょう。

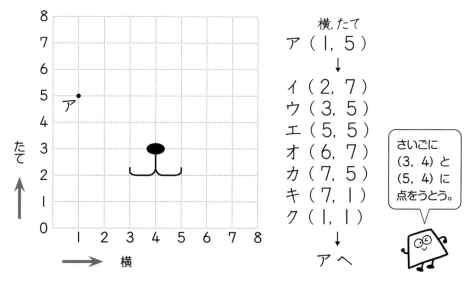

横, たて
ア （ 1, 5 ）
↓
イ （ 2, 7 ）
ウ （ 3, 5 ）
エ （ 5, 5 ）
オ （ 6, 7 ）
カ （ 7, 5 ）
キ （ 7, 1 ）
ク （ 1, 1 ）
↓
ア へ

さいごに
(3, 4) と
(5, 4) に
点をうとう。

# ふりかえりテスト ☀️ 📷 直方体と立方体

① 直方体と立方体には、面、辺、頂点が
それぞれいくつありますか。(4×3)

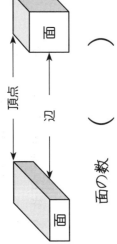

面の数　　（　　）
辺の数　　（　　）
頂点の数　（　　）

② 下の直方体について答えましょう。(4×12)

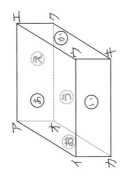

① 面あに垂直な面はどれですか。
　面（　），面（　），面（　）

② 辺オカに平行な辺はどれですか。
　辺アイ，辺（　），辺（　）

③ 辺イウに垂直な辺はどれですか。
　辺イア，辺イカ，辺（　），辺（　）

④ 面あに平行な辺はどれですか。
　辺オカ，辺カキ，辺（　），辺（　）

⑤ 面あに垂直な辺はどれですか。
　辺アオ，辺イカ，辺（　），辺（　）

③ 次の直方体の
見取図と展開図の
続きをかきましょう。
(10×2)

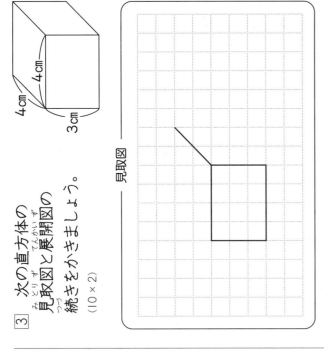

見取図

展開図

4cm
4cm
3cm

④ 下の図で、頂点クは、頂点アを
(横0cm、たて3cm、高さ2cm) と
表すことができます。次の頂点の位置を
表しましょう。(10×2)

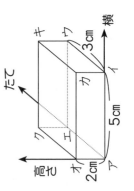

3cm
5cm
2cm
横
たて
高さ

頂点ウ（横　　cm、たて　　cm、高さ　　cm）

頂点カ（横　　cm、たて　　cm、高さ　　cm）

## P.2

### 1億より大きい数（1）　名前

● 日本の人口は，125900000 人です。

① 表に書きましょう。

| 千 | 百 | 十 | 一億 | 千 | 百 | 十 | 一万 | 千 | 百 | 十 | 一 |
|---|---|---|---|---|---|---|---|---|---|---|---|
|   |   | 1 | 2 | 5 | 9 | 0 | 0 | 0 | 0 | 0 | 0 |

② 千万の位の数を書きましょう。　**2**

③ 一億の位の数を書きましょう。　**1**

④ 一億は千万の何倍の数ですか。

千万 10000000
一億 100000000 → **10**倍

⑤ 日本の人口を読んで，漢字で書きましょう。

**一億二千五百九十万**人

● 数の大きい方を通ってゴールしましょう。通った数に○をしましょう。
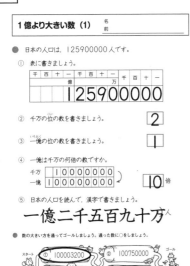
スタート ① (100003200) ② 100750000 ゴール
① 99887000 ② (101010000)

### 1億より大きい数（2）　名前

● 次の漢字の数を□の中に数字で書きましょう。□に何倍になっているかを書きましょう。
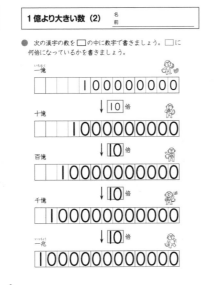

一億　100000000
↓ **10**倍
十億　1000000000
↓ **10**倍
百億　10000000000
↓ **10**倍
千億　100000000000
↓ **10**倍
一兆　1000000000000

## P.3

### 1億より大きい数（3）　名前

● 次の数を表に書いて，読み方を漢字で書きましょう。
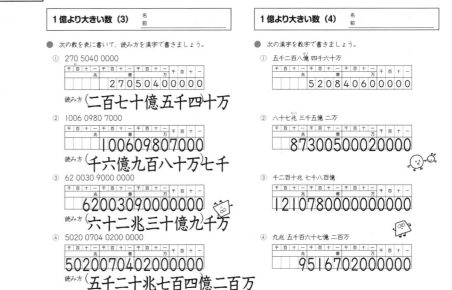

① 270 5040 0000

| 千 | 百 | 十 | 一兆 | 千 | 百 | 十 | 一億 | 千 | 百 | 十 | 一万 | 千 | 百 | 十 | 一 |
|---|---|---|---|---|---|---|---|---|---|---|---|---|---|---|---|
|   |   |   |   |   |   | 2 | 7 | 0 | 5 | 0 | 4 | 0 | 0 | 0 | 0 |

読み方 **二百七十億五千四十万**

② 1006 0980 7000

| 千 | 百 | 十 | 一兆 | 千 | 百 | 十 | 一億 | 千 | 百 | 十 | 一万 | 千 | 百 | 十 | 一 |
|---|---|---|---|---|---|---|---|---|---|---|---|---|---|---|---|
|   |   |   |   |   | 1 | 0 | 0 | 6 | 0 | 9 | 8 | 0 | 7 | 0 | 0 | 0 |

読み方 **千六億九百八十万七千**

③ 62 0030 9000 0000

| 千 | 百 | 十 | 一兆 | 千 | 百 | 十 | 一億 | 千 | 百 | 十 | 一万 | 千 | 百 | 十 | 一 |
|---|---|---|---|---|---|---|---|---|---|---|---|---|---|---|---|
|   |   |   | 6 | 2 | 0 | 0 | 3 | 0 | 9 | 0 | 0 | 0 | 0 | 0 | 0 |

読み方 **六十二兆三十億九千万**

④ 5020 0704 0200 0000

| 千 | 百 | 十 | 一兆 | 千 | 百 | 十 | 一億 | 千 | 百 | 十 | 一万 | 千 | 百 | 十 | 一 |
|---|---|---|---|---|---|---|---|---|---|---|---|---|---|---|---|
|   | 5 | 0 | 2 | 0 | 0 | 7 | 0 | 4 | 0 | 2 | 0 | 0 | 0 | 0 | 0 |

読み方 **五千二十兆七百四億二百万**

### 1億より大きい数（4）　名前

● 次の漢字を数字で書きましょう。

① 五千二百八億 四千六十万

| 千 | 百 | 十 | 一兆 | 千 | 百 | 十 | 一億 | 千 | 百 | 十 | 一万 | 千 | 百 | 十 | 一 |
|---|---|---|---|---|---|---|---|---|---|---|---|---|---|---|---|
|   |   |   |   | 5 | 2 | 0 | 8 | 4 | 0 | 6 | 0 | 0 | 0 | 0 | 0 |

② 八十七兆 三千五億 二万

| 千 | 百 | 十 | 一兆 | 千 | 百 | 十 | 一億 | 千 | 百 | 十 | 一万 | 千 | 百 | 十 | 一 |
|---|---|---|---|---|---|---|---|---|---|---|---|---|---|---|---|
|   |   | 8 | 7 | 3 | 0 | 0 | 5 | 0 | 0 | 0 | 2 | 0 | 0 | 0 | 0 |

③ 千二百十兆 七千八百億

| 千 | 百 | 十 | 一兆 | 千 | 百 | 十 | 一億 | 千 | 百 | 十 | 一万 | 千 | 百 | 十 | 一 |
|---|---|---|---|---|---|---|---|---|---|---|---|---|---|---|---|
| 1 | 2 | 1 | 0 | 7 | 8 | 0 | 0 | 0 | 0 | 0 | 0 | 0 | 0 | 0 | 0 |

④ 九兆 五千六百七十七億 二百万

| 千 | 百 | 十 | 一兆 | 千 | 百 | 十 | 一億 | 千 | 百 | 十 | 一万 | 千 | 百 | 十 | 一 |
|---|---|---|---|---|---|---|---|---|---|---|---|---|---|---|---|
|   |   |   | 9 | 5 | 1 | 6 | 7 | 0 | 2 | 0 | 0 | 0 | 0 | 0 | 0 |

## P.4

### 1億より大きい数（5）　名前

① 6758000000 を表に書き入れ，□にあてはまる数を書きましょう。

| 千 | 百 | 十 | 一兆 | 千 | 百 | 十 | 一億 | 千 | 百 | 十 | 一万 | 千 | 百 | 十 | 一 |
|---|---|---|---|---|---|---|---|---|---|---|---|---|---|---|---|
|   |   |   |   |   |   | 6 | 7 | 5 | 8 | 0 | 0 | 0 | 0 | 0 | 0 |

① 6758000000 は，十億を**6**こ，一億を**7**こ，千万を**5**こ，百万を**8**こ 合わせた数です。

② 読み方を漢字で書きましょう。

**六十七億五千八百万**

② 次の数を下の表に書き入れましょう。

① 一兆を7こ，十億を2こ，百を3こ合わせた数
② 百兆を8こ，百億を6こ，十億を5こ合わせた数
③ 千兆を2こ，十兆を4こ，百億を7こ合わせた数

| 千 | 百 | 十 | 一兆 | 千 | 百 | 十 | 一億 | 千 | 百 | 十 | 一万 | 千 | 百 | 十 | 一 |
|---|---|---|---|---|---|---|---|---|---|---|---|---|---|---|---|
| ① |   | 7 | 0 | 0 | 2 | 0 | 0 | 0 | 0 | 0 | 0 | 0 | 3 | 0 | 0 |
| ② | 8 | 0 | 0 | 6 | 5 | 0 | 0 | 0 | 0 | 0 | 0 | 0 | 0 | 0 | 0 |
| ③ | 2 | 0 | 4 | 0 | 0 | 7 | 0 | 0 | 0 | 0 | 0 | 0 | 0 | 0 | 0 |

### 1億より大きい数（6）　名前

● □にあてはまる数を書きましょう。

① ⑦ 700 億は，1億を**700**こ 集めた数
　 ④ 700 億は，10億を**70**こ 集めた数

| 千 | 百 | 十 | 一兆 | 千 | 百 | 十 | 一億 | 千 | 百 | 十 | 一万 | 千 | 百 | 十 | 一 |
|---|---|---|---|---|---|---|---|---|---|---|---|---|---|---|---|
|   |   |   |   | 7 | 0 | 0 | 0 | 0 | 0 | 0 | 0 | 0 | 0 | 0 | 0 |

② ⑦ 3200 億は，1億を**3200**こ 集めた数
　 ④ 3200 億は，10億を**320**こ 集めた数

| 千 | 百 | 十 | 一兆 | 千 | 百 | 十 | 一億 | 千 | 百 | 十 | 一万 | 千 | 百 | 十 | 一 |
|---|---|---|---|---|---|---|---|---|---|---|---|---|---|---|---|
|   |   |   | 3 | 2 | 0 | 0 | 0 | 0 | 0 | 0 | 0 | 0 | 0 | 0 | 0 |

③ ⑦ 1兆は，1000億を**10**こ 集めた数
　 ④ 1兆は，100億を**100**こ 集めた数
　 ⑦ 1兆は，10億を**1000**こ 集めた数

| 千 | 百 | 十 | 一兆 | 千 | 百 | 十 | 一億 | 千 | 百 | 十 | 一万 | 千 | 百 | 十 | 一 |
|---|---|---|---|---|---|---|---|---|---|---|---|---|---|---|---|
|   |   |   | 1 | 0 | 0 | 0 | 0 | 0 | 0 | 0 | 0 | 0 | 0 | 0 | 0 |

## P.5

### 1億より大きい数（7）　名前

① ⑦〜⑦にあてはまる数を書きましょう。

① ⑦**10億**　④**80億**　⑦**100億**
0 ———— 50億 ————
まずは，1目もりがいくつかを調べよう。

② ②**1000億**　④**1兆**　⑦**1兆2000億**
0 ———— 5000億 ————

② 次の数の大小を不等号を使って表しましょう。
10010080|7000 のように下から4ケタずつ区切るとよくわかるよ

① 10000807000 **＞** 9988705000
② 6702800000 **＜** 6703000000

③ ⓪①②③④⑤⑥⑦⑧⑨の10まいのカードを使って10けたの整数をつくりましょう。

① いちばん大きい数
**9876543210**

② いちばん小さい数
**1023456789**

### 1億より大きい数（8）　名前

① 50億を10倍した数，100倍した数，1/10にした数を書きましょう。

・10倍（ **500** ）億　・100倍（ **5000** ）億
・1/10 （ **5** ）億

| 千 | 百 | 十 | 一兆 | 千 | 百 | 十 | 一億 | 千 | 百 | 十 | 一万 | 千 | 百 | 十 | 一 |
|---|---|---|---|---|---|---|---|---|---|---|---|---|---|---|---|
|   |   |   |   |   | 5 | 0 | 0 | 0 | 0 | 0 | 0 | 0 | 0 | 0 | 0 |

② 次の数を10倍した数を書きましょう。

① 200 億（ **2000億** ）　8000 億（ **8兆** ）
③ 4億 （ **40億** ）

③ 次の数を100倍した数を書きましょう。

① 9億 （ **900億** ）　3000 億（ **30兆** ）
③ 70 億 （ **7000億** ）

④ 次の数を1/10にした数を書きましょう。

① 6億 （ **6000万** ）　3000 億（ **300億** ）
③ 400 兆（ **40兆** ）

P.6

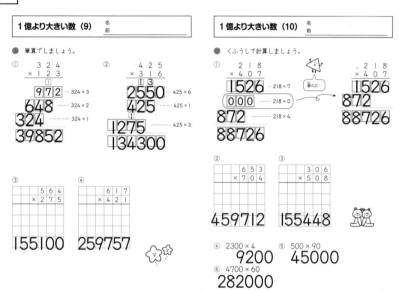

P.7

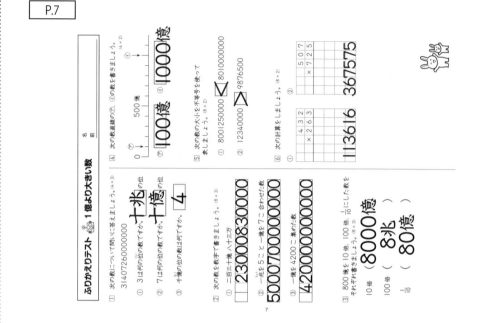

P.8

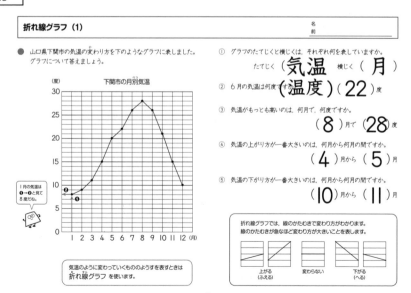

P.9

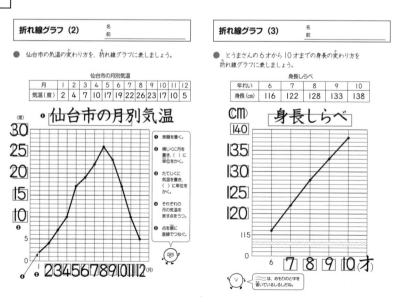

---

P.10

## 折れ線グラフ（4）　名前

● 次の中で折れ線グラフに表すとよいものはどれですか。
（　）に○をつけましょう。

① （ **○** ）１日の気温

| 時こく | 午前9 | 10 | 11 | 12 | 午後1 | 2 | 3 |
|---|---|---|---|---|---|---|---|
| 気温（度） | 16 | 18 | 19 | 22 | 24 | 25 | 22 |

② （　）図書室にある本の種類とさっ数

| 本の種類 | 物語 | 図かん | 絵本 | 伝記 | その他 |
|---|---|---|---|---|---|
| さっ数（さつ） | 106 | 58 | 72 | 34 | 235 |

③ （ **○** ）かぜをひいたときの体温

| 時こく | 午前8 | 9 | 10 | 11 | 12 |
|---|---|---|---|---|---|
| 体温（度） | 37.5 | 37.8 | 38.2 | 37.6 | 37.2 |

④ （　）午前10時の日本のいろいろな都市の気温

| 都市 | 東京 | 大阪 | 名古屋 | 福岡 |
|---|---|---|---|---|
| 気温（度） | 15 | 18 | 16 | 20 |

## 折れ線グラフ（5）　名前

● 下のグラフは，東京の月別の気温を表したものです。
このグラフに，シドニー（オーストラリア）の月別の気温を
赤色で表し，気がついたことを書きましょう。

| 月 | 1 | 2 | 3 | 4 | 5 | 6 | 7 | 8 | 9 | 10 | 11 | 12 |
|---|---|---|---|---|---|---|---|---|---|---|---|---|
| 気温（度） | 26 | 26 | 25 | 23 | 20 | 18 | 17 | 18 | 20 | 22 | 24 | 25 |

シドニーの月別気温

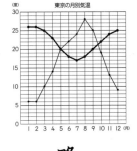

東京の月別気温

略

---

P.11

## 整理のしかた（1）　名前

● 下の⑦の表は，ある学校の１週間のけがの記録です。どんな場所で，どんなけがが多いかを，⑦の表にまとめましょう。

⑦ けがの記録

| 学年 | 場所 | けがの種類 |
|---|---|---|
| 3 | 運動場 | 切りきず |
| 5 | 教室 | 切りきず |
| 3 | 体育館 | つきゆび |
| 4 | 教室 | すりきず |
| 6 | 体育館 | すりきず |
| 2 | 教室 | すりきず |
| 1 | ろうか | 打ぼく |
| 2 | 体育館 | 切りきず |
| 5 | 運動場 | ねんざ |
| 3 | 運動場 | すりきず |
| 3 | ろうか | 打ぼく |
| 1 | 運動場 | すりきず |
| 6 | 体育館 | 切りきず |
| 2 | 運動場 | 切りきず |
| 4 | 運動場 | すりきず |

⑦ けがの種類とけがをした場所（人）

| 場所＼種類 | 切りきず | つきゆび | すりきず | 打ぼく | ねんざ | 合計 |
|---|---|---|---|---|---|---|
| 運動場 | 正2 | | 正3 | | 一1 | 6 |
| ろうか | | | | 正2 | | 2 |
| 教室 | 一1 | | 正2 | | | ④ 3 |
| 体育館 | 正2 | 一1 | 一1 | | | 4 |
| 合計 | 5 | ③1 | 6 | 2 | 1 | 15 |

① ⑧〜②は，それぞれどのような人を表していますか。

⑧ （運動場）で（切りきず）のけがをした人

⑥ （ **教室** ）で **すりきず** のけがをした人

③ **つきゆび** のけがをした人

④ （ **教室** ）でけがをした人

② 人数を書いて表を
かんせいさせましょう。

③ どこでどんなけがをした
人がいちばん多いですか。

**運動場で**
**（すりきず）**

④ 体育館ではどんなけがが
多いですか。

**（切りきず）**

---

P.12

## 整理のしかた（2）　名前

● ４年生20人に夏休みに海やプール
に行ったかどうかを調べました。

① 調べたことを下の表に
まとめましょう。

海やプールに行った人数調べ（人）

| 海＼プール | 行った | 行っていない | 合計 |
|---|---|---|---|
| 行った | ⑧4 | ⑥4 | 8 |
| 行っていない | 7 | ⑩5 | 12 |
| 合計 | 11 | 9 | 20 |

② 海にだけ行った人は何人ですか。
（ 4 ）人

③ 海とプールどちらにも行った人は
何人ですか。
（ 4 ）人

④ 海とプールどちらにも行っていない
人は何人ですか。
（ 5 ）人

| 番号 | 海 | プール |
|---|---|---|
| 1 | ○ | ○ |
| 2 | × | × |
| 3 | × | × |
| 4 | × | ○ |
| 5 | ○ | × |
| 6 | × | × |
| 7 | ○ | × |
| 8 | ○ | ○ |
| 9 | × | × |
| 10 | ○ | × |
| 11 | ○ | ○ |
| 12 | × | × |
| 13 | ○ | × |
| 14 | × | × |
| 15 | ○ | × |
| 16 | × | ○ |
| 17 | × | × |
| 18 | × | ○ |
| 19 | ○ | ○ |
| 20 | × | × |

○…行った　×…行っていない

⑧は，海とプールどちらにも行った人
（○、○）、⑩は、海とプールどちらにも
行っていない人（×、×）の数が入るね。

|  | 人数（人） |
|---|---|
| ○、○ | 4 |
| ○、× | 7 |
| ×、○ | 5 |

## 整理のしかた（3）　名前

● 子ども会25人で遠足に行くのに，
おやつのアンケートをとると，次のような
結果になりました。

どちらかに○をつけてください
クッキー ・ ポテト
チップス
りんご ・ オレンジ
ジュース　ジュース

りんごジュースを選んだ人………15人
クッキーを選んだ人………16人
クッキーとりんごジュースを選んだ人…10人

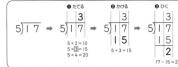

① ４つに分類して，下の表に整理しましょう。

おやつ調べ（人）

| ＼ | りんごジュース | オレンジジュース | 合計 |
|---|---|---|---|
| クッキー | 10 | 6 | 16 |
| ポテトチップス | 5 | 4 | 9 |
| 合計 | 15 | 10 | 25 |

② 次の人数は，それぞれ何人ですか。

クッキーとオレンジジュースを選んだ人 …（ 6 ）人

ポテトチップスとりんごジュースを選んだ人 …（ 5 ）人

ポテトチップスとオレンジジュースを選んだ人 …（ 4 ）人

---

P.13

## わり算の筆算①（1）　名前
２けた÷１けた＝１けた

① 17÷5を筆算でしましょう。

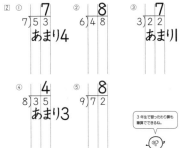

|  | ❶たてる | ❷かける | ❸ひく |
|---|---|---|---|
| 5)17 | → 5)17　3 | → 5)17　3　15 | → 5)17　3　15　2 |

5×2＝10
5×3＝15
5×4＝20

5×3＝15

17−15＝2

② 
① 7　7)53　あまり4
② 8　6)48
③ 7　3)22　あまり1
④ 4　8)35　あまり3
⑤ 8　9)72

## わり算の筆算①（2）　名前
２けた÷１けた＝２けた

① 84÷3を筆算でしましょう。

| 十の位の計算 | 一の位の計算 |
|---|---|
| ❶たてる 2 ❷かける 2 ❸ひく 2 | ❶たてる 28 ❷ひく 28 |

3)84
6
24

3)84
6
24
24

3)84
6
24
24
0 ❸ひく

② 
① 14　7)98
② 19　4)76
③ 13　4)52
④ 12　5)60
⑤ 47　2)94

３年生で習ったわり算も
筆算でできるね。

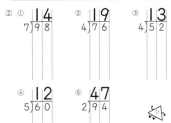

P.14

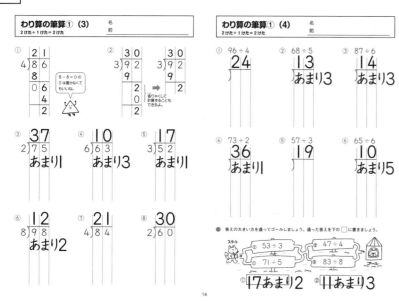

わり算の筆算① (3) 2けた÷1けた＝2けた

わり算の筆算① (4) 2けた÷1けた＝2けた

P.15

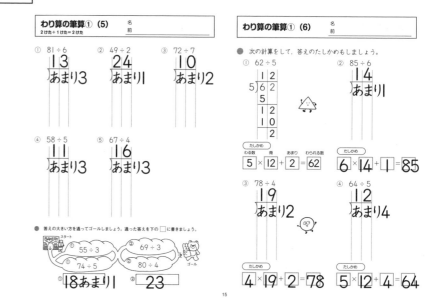

わり算の筆算① (5) 2けた÷1けた＝2けた

わり算の筆算① (6) 2けた÷1けた＝2けた

P.16

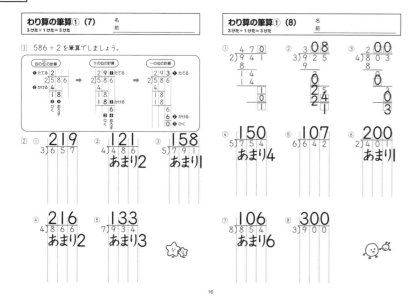

わり算の筆算① (7) 3けた÷1けた＝3けた

わり算の筆算① (8) 3けた÷1けた＝3けた

P.17

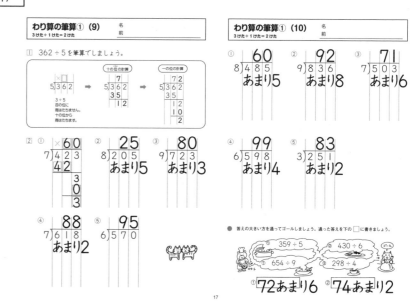

わり算の筆算① (9) 3けた÷1けた＝2けた

わり算の筆算① (10) 3けた÷1けた＝2けた

P.18

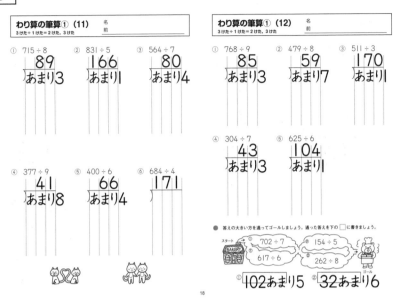

**わり算の筆算①（11）**　名前
3けた÷1けた＝2けた，3けた

① 715÷8　89 あまり3
② 831÷5　166 あまり1
③ 564÷7　80 あまり4
④ 377÷9　41 あまり8
⑤ 400÷6　66 あまり4
⑥ 684÷4　171

**わり算の筆算①（12）**　名前
3けた÷1けた＝2けた，3けた

① 768÷9　85 あまり3
② 479÷8　59 あまり7
③ 511÷3　170 あまり1
④ 304÷7　43 あまり3
⑤ 625÷6　104 あまり1

● 答えの大きい方を通ってゴールしましょう。通った答えを下の□に書きましょう。
スタート　① 702÷7　② 154÷5
　　617÷6　　262÷8　ゴール
① 102あまり5　② 32あまり6

P.19

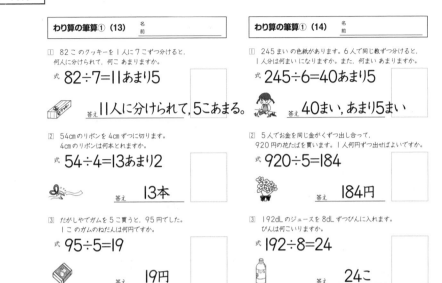

**わり算の筆算①（13）**　名前

① 82このクッキーを1人で7こずつ分けると，何人に分けられて，何こあまりますか。
式 82÷7＝11あまり5
答え 11人に分けられて，5こあまる。

② 54cmのリボンを4cmずつに切ります。4cmのリボンは何本とれますか。
式 54÷4＝13あまり2
答え 13本

③ だがしやでガムを5こ買うと，95円でした。1このガムのねだんは何円ですか。
式 95÷5＝19
答え 19円

**わり算の筆算①（14）**　名前

① 245まいの色紙があります。6人で同じ数ずつ分けると，1人分は何まいになりますか。また，何まいあまりますか。
式 245÷6＝40あまり5
答え 40まい，あまり5まい

② 5人でお金を同じ金がくずつ出し合って，920円の花たばを買います。1人何円ずつ出せばよいですか。
式 920÷5＝184
答え 184円

③ 192dLのジュースを8dLずつびんに入れます。びんは何こいりますか。
式 192÷8＝24
答え 24こ

P.20

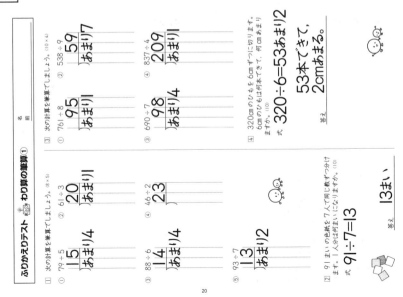

**ふりかえりテスト　わり算の筆算①**　名前

① 次の計算を筆算でしましょう。（10×4）
① 538÷9　59 あまり7
② 761÷8　95 あまり1
③ 77÷5　15 あまり4
④ 837÷7　209 あまり4
③ 690÷7　98 あまり4
② 61÷3　20 あまり1
④ 46÷2　23
⑤ 93÷7　13 あまり2
③ 88÷6　14 あまり4

② 次の計算を筆算でしましょう。（8×5）

③ 320cmのひもを6cmずつに切ります。6cmのひもは何本とれて，何cmあまりますか。（10）
式 320÷6＝53あまり2
答え 53本できて，2cmあまる。

② 91まいの色紙を7人で同じ数ずつ分けます。1人分は何まいになりますか。（10）
式 91÷7＝13
答え 13まい

P.21

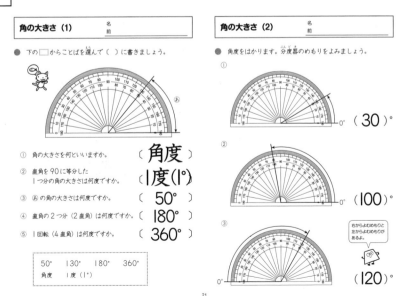

**角の大きさ（1）**　名前

● 下の□□□からことばを選んで（　）に書きましょう。

① 角の大きさを何といいますか。（ 角度 ）
② 直角を90に等分した1つ分の角の大きさは何度ですか。（ 1度（1°） ）
③ ⑰の角の大きさは何度ですか。（ 50° ）
④ 直角の2つ分（2直角）は何度ですか。（ 180° ）
⑤ 1回転（4直角）は何度ですか。（ 360° ）

| 50° | 130° | 180° | 360° |
| 角度 | 1度（1°） | | |

**角の大きさ（2）**　名前

● 角度をはかります。分度器のめもりをよみましょう。
① （ 30 ）°
② （ 100 ）°
③ （ 120 ）°
右からよむめもりと左からよむめもりがあるよ。

# 解答

児童に実施させる前に，必ず指導される方が問題を解いてください。本書の解答は，あくまでも1つの例です。指導される方の作られた解答をもとに，本書の解答例を参考に児童の多様な考えに寄り添って○つけをお願いします。

P.22

### 角の大きさ（3）　名前

● 分度器を使って，⑦〜⑦の角度をはかりましょう。

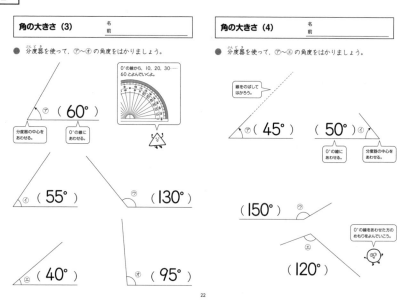

0°の線から，10，20，30……60とよんでいくよ。

⑦（ 60° ）
分度器の中心をあわせる。
0°の線にあわせる。

④（ 55° ）
⑦（ 130° ）
②（ 40° ）
④（ 95° ）

### 角の大きさ（4）　名前

● 分度器を使って，⑦〜②の角度をはかりましょう。

線をのばしてはかろう。

⑦（ 45° ）　（ 50° ）④
0°の線にあわせる。　分度器の中心をあわせる。

（ 150° ）⑦
②
（ 120° ）

0°の線をあわせた方のめもりをよんでいこう。

P.23

### 角の大きさ（5）　名前

① ⑦の角度をくふうしてはかりましょう。

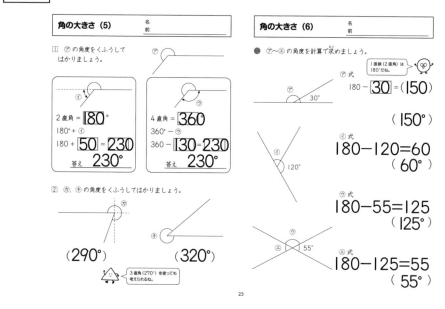

2直角＝180°
180°＋④
180＋ 50 ＝230
答え 230°

4直角＝360
360°－②
360－ 130 ＝230
答え 230°

② ⑦，④の角度をくふうしてはかりましょう。

（ 290° ）⑦　（ 320° ）④

3直角（270°）を使っても考えられるね。

### 角の大きさ（6）　名前

● ⑦〜②の角度を計算で求めましょう。

1直線（2直角）は180°だね。

⑦式
180－ 30 ＝（150）
（ 150° ）

④式
180－120＝60
（ 60° ）

⑦式
180－55＝125
（ 125° ）

②式
180－125＝55
（ 55° ）

P.24

### 角の大きさ（7）　名前

● 点を中心として，矢印の方向に角をかきましょう。

① 60°
分度器の中心をあわせる。　0°の線にあわせる。

② 135°
略

③ 80°

### 角の大きさ（8）　名前

● 点を中心として，矢印の方向に角をかきましょう。

① 210°
180°＋ 30 °
＝210°だね。

② 340°
略

P.25

### 角の大きさ（9）　名前

● 1組の三角じょうぎを組み合わせてできる⑦〜②の角度は何度ですか。

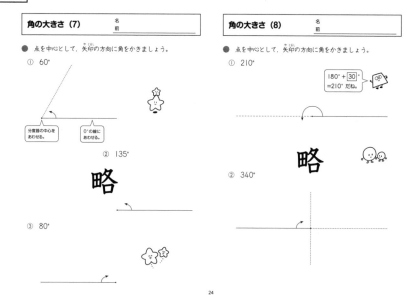

⑦式 45－30＝15
（ 15° ）
④式 180－45＝135
（ 135° ）
⑦式 30＋90＝120
（ 120° ）
②式 60＋45＝105　（ 105° ）

### 角の大きさ（10）　名前

● 下の図のような三角形をかきましょう。

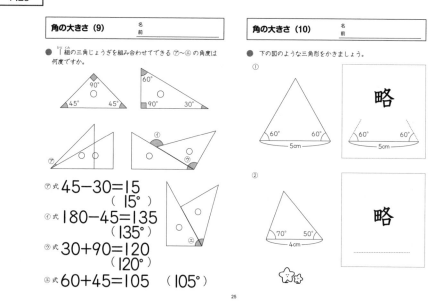

①
略
②
略

22
23
24
25
108

児童に実施させる前に，必ず指導される方が問題を解いてください。本書の解答は，あくまでも1つの例です。指導される方の作られた解答をもとに，本書の解答例を参考に児童の多様な考えに寄り添って○つけをお願いします。

## P.26

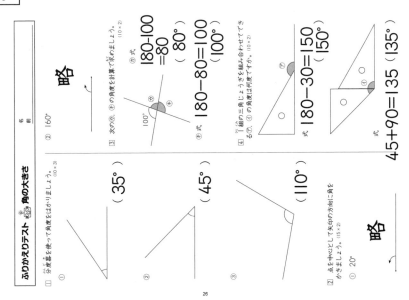

## P.27

### 小数 (1)

● 水のかさを L を単位として小数で表しましょう。

① ( 1.21 ) L
② ( 1.15 ) L
③ ( 1.03 ) L
④ ( 0.26 ) L
⑤ ( 0.08 ) L

### 小数 (2)

● 下の数直線は，たくさんたちの走りはばとびの記録です。

① たくとさんの記録を m を単位として小数で表します。
□にあてはまる数を書きましょう。

2m94cm
1m が 2 こで 2 m
0.1m が 9 こで 0.9 m
0.01m が 4 こで 0.04 m
あわせて 2.94 m

② A さん，B さんの記録を m を単位とし，小数で表しましょう。
□にあてはまる数を書きましょう。

A さん 3 m 2 cm = 3.02 m
B さん 3 m 11 cm = 3.11 m

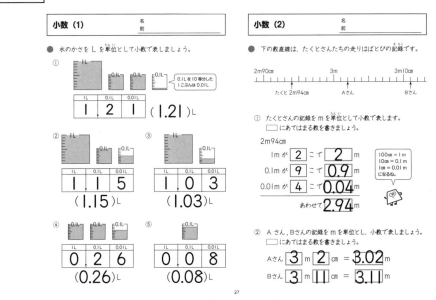

## P.28

### 小数 (3)

① 次の重さを表に書き入れて，kg を単位として表しましょう。

① 2kg 527g

| 1kg | 0.1kg (100g) | 0.01kg (10g) | 0.001kg (1g) |
|---|---|---|---|
| 2 | 5 | 2 | 7 |

( 2.527 ) kg

② 3kg 800g

| 1kg | 0.1kg (100g) | 0.01kg (10g) | 0.001kg (1g) |
|---|---|---|---|
| 3 | 8 | 0 | 0 |

( 3.8 ) kg

③ 726g

| 1kg | 0.1kg (100g) | 0.01kg (10g) | 0.001kg (1g) |
|---|---|---|---|
| 0 | 7 | 2 | 6 |

( 0.726 ) kg

② 次の長さを表に書き入れて，km を単位として表しましょう。

① 1km 350m

| 1km | 0.1km (100m) | 0.01km (10m) | 0.001km (1m) |
|---|---|---|---|
| 1 | 3 | 5 | 0 |

( 1.35 ) km

② 204m

| 1km | 0.1km (100m) | 0.01km (10m) | 0.001km (1m) |
|---|---|---|---|
| 0 | 2 | 0 | 4 |

( 0.204 ) km

### 小数 (4)

① 1, 0.1, 0.01, 0.001 の関係について，□にあてはまる数を書きましょう。

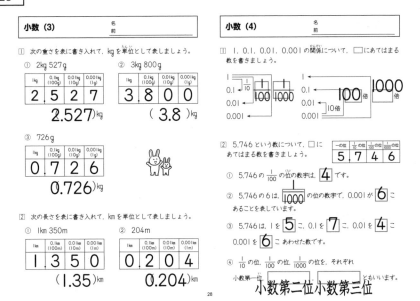

② 5.746 という数について，□にあてはまる数を書きましょう。

| 一の位 | 1/10の位 | 1/100の位 | 1/1000の位 |
|---|---|---|---|
| 5 | 7 | 4 | 6 |

① 5.746 の 1/100 の位の数字は 4 です。

② 5.746 の 6 は 1/1000 の位の数字で，0.001 が 6 こあることを表しています。

③ 5.746 は，1 を 5 こ，0.1 を 7 こ，0.01 を 4 こ，0.001 を 6 こあわせた数です。

④ 1/10 の位，1/100 の位，1/1000 の位を，それぞれ 小数第一位，小数第二位，小数第三位 ともいいます。

## P.29

### 小数 (5)

① 1.32, 1.302, 1.318 を小さい順にならべましょう。

① 右の表に数を書き入れて，大きさをくらべましょう。

| 一 | 1/10 | 1/100 | 1/1000 |
|---|---|---|---|
| 1 | 3 | 2 | |
| 1 | 3 | 0 | 2 |
| 1 | 3 | 1 | 8 |

② 数直線に ↑ で数を表しましょう。

1.302 1.318 1.32

③ ( ) に数を書きましょう。
( 1.302 ) < ( 1.318 ) < ( 1.32 )

② □にあてはまる不等号を書きましょう。

① 0.907 < 0.91

| 一 | 1/10 | 1/100 | 1/1000 |
|---|---|---|---|
| 0 | 9 | 0 | 7 |
| 0 | 9 | 1 | |

② 0.01 > 0.008

| 一 | 1/10 | 1/100 | 1/1000 |
|---|---|---|---|
| 0 | 0 | 1 | |
| 0 | 0 | 0 | 8 |

### 小数 (6)

① 0.83 を 10 倍，100 倍した数を書きましょう。
また，1/10 にした数を書きましょう。

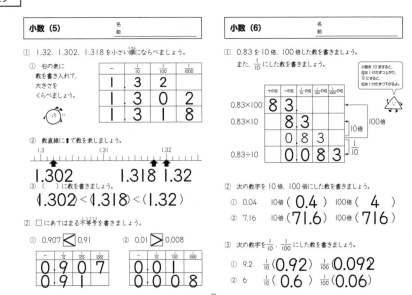

② 次の数字を 10 倍，100 倍した数を書きましょう。

① 0.04 10倍 ( 0.4 ) 100倍 ( 4 )
② 7.16 10倍 ( 71.6 ) 100倍 ( 716 )

③ 次の数字を 1/10, 1/100 にした数を書きましょう。

① 9.2 1/10 ( 0.92 ) 1/100 ( 0.092 )
② 6 1/10 ( 0.6 ) 1/100 ( 0.06 )

## P.30

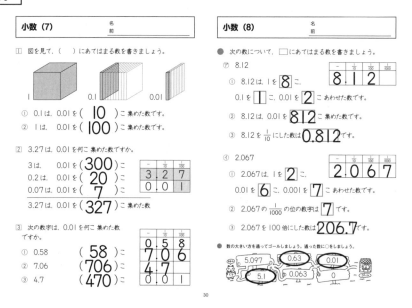

### 小数（7）　名前

① 図を見て，（　）にあてはまる数を書きましょう。

① 0.1 は，0.01 を（ 10 ）こ集めた数です。
② 1 は，0.01 を（ 100 ）こ集めた数です。

② 3.27 は，0.01 を何こ集めた数ですか。

3 は，0.01 を（ 300 ）こ
0.2 は，0.01 を（ 20 ）こ
0.07 は，0.01 を（ 7 ）こ
3.27 は，0.01 を（ 327 ）こ集めた数

| | 一 | 1/10 | 1/100 |
|---|---|---|---|
| 3.27 | 3 | 2 | 7 |
| 0.01 | | | |

③ 次の数字は，0.01 を何こ集めた数ですか。

① 0.58 （ 58 ）こ
② 7.06 （ 706 ）こ
③ 4.7 （ 470 ）こ

| | 一 | 1/10 | 1/100 |
|---|---|---|---|
| 0.58 | 0 | 5 | 8 |
| 7.06 | 7 | 0 | 6 |
| 4.7 | 4 | 7 | 0 |

### 小数（8）　名前

● 次の数について，□にあてはまる数を書きましょう。

⑦ 8.12
① 8.12 は，1 を 8 こ．0.1 を 1 こ，0.01 を 2 こあわせた数です。
② 8.12 は，0.01 を 812 こ集めた数です。
③ 8.12 を 1/10 にした数は 0.812 です。

| 一 | 1/10 | 1/100 | 1/1000 |
|---|---|---|---|
| 8 | 1 | 2 | |

④ 2.067
① 2.067 は，1 を 2 こ，0.01 を 6 こ，0.001 を 7 こあわせた数です。
② 2.067 の 1/1000 の位の数字は 7 です。
③ 2.067 を 100 倍にした数は 206.7 です。

| 一 | 1/10 | 1/100 | 1/1000 |
|---|---|---|---|
| 2 | 0 | 6 | 7 |

● 数の大きい方を通ってゴールしましょう。通った数に○をしましょう。

5.097 → (0.63) → (0.01)
(5.1) → 0.063 → 0

30

## P.31

### 小数（9）　小数のたし算　名前

① ① 3.57＋4.12＝7.69　② 0.16＋8.29＝8.45　③ 7.95＋3.08＝11.03

❶ 位をそろえて書く。
❷ 整数のたし算と同じように計算する。
❸ 上の小数点にそろえて和の小数点をうつ。

④ 6.44＋7.27＝13.71　⑤ 0.43＋0.58＝1.01

② ① 0.96＋0.35＝1.31　② 1.62＋7.19＝8.81　③ 0.08＋2.07＝2.15
④ 6.89＋2.54＝9.43　⑤ 4.06＋3.92＝7.98

### 小数（10）　小数のたし算　名前

① 5.4＋3.21＝8.61　② 2.38＋0.52＝2.90　③ 0.43＋6.57＝7.00
④ 5.63＋0.8＝6.43　⑤ 2.05＋6.95＝9.00　⑥ 0.07＋0.4＝0.47
⑦ 1.04＋7.56＝8.60　⑧ 9＋4.15＝13.15　⑨ 6.19＋3.81＝10.00
⑩ 10.26＋5.8＝16.06

31

## P.32

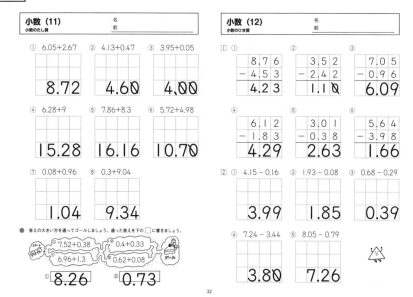

### 小数（11）　小数のたし算　名前

① 6.05＋2.67＝8.72　② 4.13＋0.47＝4.60　③ 3.95＋0.05＝4.00
④ 6.28＋9＝15.28　⑤ 7.86＋8.3＝16.16　⑥ 5.72＋4.98＝10.70
⑦ 0.08＋0.96＝1.04　⑧ 0.3＋9.04＝9.34

● 答えの大きい方を通ってゴールしましょう。通った答えを下の□に書きましょう。

① 7.52＋0.38 → 0.4＋0.33
6.96＋1.3 → 0.62＋0.08 → ゴール

① 8.26　② 0.73

### 小数（12）　小数のひき算　名前

① ① 8.76－4.53＝4.23　② 3.52－2.42＝1.10　③ 7.05－0.96＝6.09
④ 6.12－1.83＝4.29　⑤ 3.01－0.38＝2.63　⑥ 5.64－3.98＝1.66

② ① 4.15－0.16＝3.99　② 1.93－0.08＝1.85　③ 0.68－0.29＝0.39
④ 7.24－3.44＝3.80　⑤ 8.05－0.79＝7.26

32

## P.33

### 小数（13）　小数のひき算　名前

① 5.74－2.9＝2.84　② 7.35－6.38＝0.97　③ 8－4.17＝3.83
④ 4.02－4＝0.02　⑤ 6.7－4.93＝1.77　⑥ 3－0.02＝2.98
⑦ 2.38－1.58＝0.80　⑧ 5.01－0.6＝4.41　⑨ 2.34－1.8＝0.54
⑩ 10－9.45＝0.55

### 小数（14）　小数のひき算　名前

① 0.43－0.18＝0.25　② 2.2－1.93＝0.27　③ 1.15－0.26＝0.89
④ 6－5.18＝0.82　⑤ 7.49－5.8＝1.69　⑥ 12.3－8.46＝3.84
⑦ 9.22－8.52＝0.70　⑧ 0.3－0.15＝0.15

● 答えの大きい方を通ってゴールしましょう。通った答えを下の□に書きましょう。

① 9.42－3.15 → 1.36－0.46
8.8－2.75 → 4－3.15

① 6.27　② 0.9

33

P.34

### 小数（15）　名前

① かごに入れたりんごの重さをはかると 3.06kg ありました。
　かごの重さは 0.4kg です。りんごだけの重さは何 kg ですか。

式　$3.06-0.4=2.66$

　　答え　2.66kg

② 重さ 0.17kg のかばんに 4.83kg の本を入れると
　何 kg になりますか。

式　$0.17+4.83=5.00$

答え　5kg

③ 2L の牛にゅうを 3日間で 0.95L 飲みました。
　残りは何 L ですか。

式　$2-0.95=1.05$

　　答え　1.05L

### 小数（16）　名前

● Aコース 3km，Bコース 1.25km の２つのジョギングコース
　があります。

① Aコースは，Bコースより何 km 長いですか。

式　$3-1.25=1.75$

答え　1.75km

② Aコース，Bコース２つのコースをまわると，
　あわせて何 km ですか。

式　$3+1.25=4.25$

答え　4.25km

● 答えの大きい方を通ってゴールしましょう。通った答えを下の □ に書きましょう。

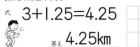

① 8.25　　② 5.11

---

P.35

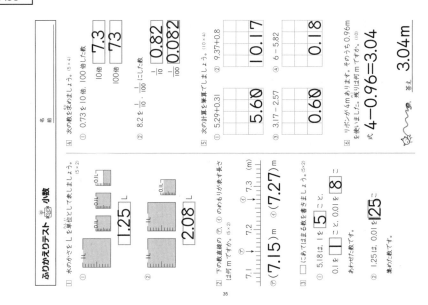

① 水のかさを L を単位として表しましょう。(5×2)

① 1.25 L　　② 2.08 L

---

P.36

### わり算の筆算②（1）　名前
何十でわる計算

① 色紙が 80 まいあります。1人に 30 まいずつ分けると，
　何人に分けることができて，あまりは何まいですか。

式　$80÷30=$ 2 あまり 20

10 10 10　10 10 10　10 10

答え　2人，あまり20まい

② 計算をしましょう。

① $60÷30=$ 2

② $210÷70=$ 3

③ $90÷20=$ 4 あまり 10

④ $160÷30=$ 5 あまり 10

⑤ $600÷80=$ 7 あまり 40

### わり算の筆算②（2）　名前
2けた÷2けた＝1けた（修正なし）

① $69÷23$ を筆算でしましょう。

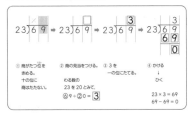

① 商がたつ位を
　きめる。
　十の位に
　商はたたない。

② 商の見当をつける。
　わる数の
　23 を 20 とみて，
　$6÷20=$ 3

③ 3 を
　一の位にたてる。

④ かける
　$23×3=69$
　ひく
　$69-69=0$

② $98÷32$ を筆算で
　しましょう。

---

P.37

### わり算の筆算②（3）　名前
2けた÷2けた＝1けた（修正なし）

① $34)72$ [7÷3]　あまり4
② $42)86$ [8÷4]　あまり2
③ $78)93$ [9÷7]　あまり15

④ $25)75$　3
⑤ $36)54$　1　あまり18
⑥ $13)39$　3

⑦ $32)96$　3
⑧ $21)88$　4　あまり4

### わり算の筆算②（4）　名前
2けた÷2けた＝1けた（修正あり）

① $84÷28$ を筆算でしましょう。

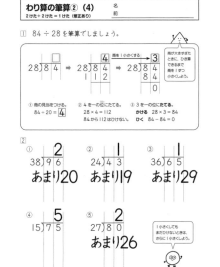

① 商の見当をつける。
　$84÷20=$ 4

② 4 を一の位にたてる。
　$28×4=112$
　84 に 112 はひけない。

③ 3 を一の位にたてる。
　かける　$28×3=84$
　ひく　$84-84=0$

① $38)96$　2　あまり20
② $24)43$　1　あまり19
③ $36)65$　1　あまり29

④ $15)75$　5
⑤ $27)80$　2　あまり26

111

## P.38

**わり算の筆算② (5)**　名前
2けた÷2けた＝1けた（修正なし・あり）

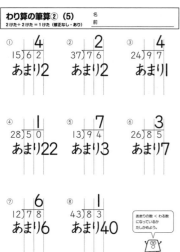

① 15)62　4　あまり2
② 37)76　2　あまり2
③ 24)97　4　あまり1
④ 28)50　1　あまり22
⑤ 13)94　7　あまり3
⑥ 26)85　3　あまり7
⑦ 12)78　6　あまり6
⑧ 43)83　1　あまり40

あまりの数 ＜ わる数 になっているかたしかめよう。

**わり算の筆算② (6)**　名前
3けた÷2けた＝1けた（修正なし）

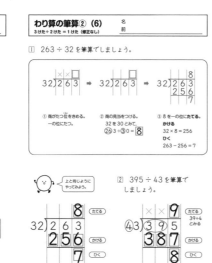

① 263 ÷ 32 を筆算でしましょう。

32)263 ⇒ 32)263 ⇒ 32)263　8　256　7

① 商がたつ位をきめる。一の位にたつ。
② 商の見当をつける。32を30とみて、26 3÷3 0＝8
③ 8を一の位にたてる。
かける 32×8＝256
ひく 263－256＝7

上と同じようにやってみよう。

② 395 ÷ 43 を筆算でしましょう。

32)263　8　256　7
43)395　9　387　8

たてる
かける
ひく

## P.39

**わり算の筆算② (7)**　名前
3けた÷2けた＝1けた（修正なし）

① 41)292　7　あまり5
② 32)173　5　あまり13
③ 73)152　2　あまり6
④ 82)656　8　あまり30
⑤ 69)168　2　あまり4
⑥ 53)428　8　あまり4
⑦ 45)315　7
⑧ 55)283　5　あまり8

**わり算の筆算② (8)**　名前
3けた÷2けた＝1けた（修正あり）

① 43)362　9　1小さくする → 43)362　8　344　18　ひけない
② 59)362　6　あまり8
③ 26)175　6　あまり19
④ 35)204　5　あまり29
⑤ 64)438　6　あまり54
⑥ 57)450　7　あまり51
⑦ 48)247　5　あまり7

1小さくしてもまだひけないときは、さらに1小さくしよう。

## P.40

**わり算の筆算② (9)**　名前
3けた÷2けた＝1けた（商が9）

① 567 ÷ 58 を筆算でしましょう。

58)567 ⇒ 58)567 ⇒ 58)567　9　522　45　商を9にする

① 商の見当をつける。58を50とみて、56 7÷5 0＝11
② 商の見当が10以上になるときは、9をたてる
③ かける 58×9＝522　ひく 567－522＝45

②
① 42)406　9　あまり28
② 68)670　9　あまり58
③ 33)318　9　あまり21
④ 25)229　9　あまり4
⑤ 56)548　9　あまり44
⑥ 77)734　9　あまり41

**わり算の筆算② (10)**　名前
3けた÷2けた＝1けた（いろいろな型）

① 27)223　8　あまり7
② 31)125　4　あまり1
③ 58)524　9　あまり2
④ 64)450　7　あまり2
⑤ 88)607　6　あまり79
⑥ 46)321　6　あまり45
⑦ 88)722　8　あまり18
⑧ 67)491　7　あまり22

● 答えの大きい方を通ってゴールまで行きましょう。通った答えを下の□に書きましょう。

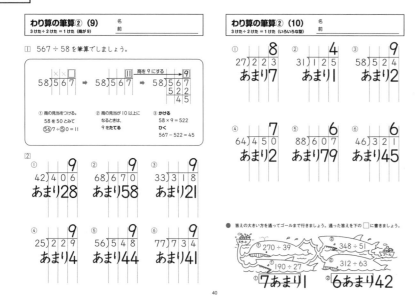

① 270 ÷ 39
② 348 ÷ 51
④ 190 ÷ 27
③ 312 ÷ 63

① 7あまり1　② 6あまり42

## P.41

**わり算の筆算② (11)**　名前
3けた÷2けた＝1けた（いろいろな型）

① 37)236　6　あまり14
② 58)468　8　あまり4
③ 45)431　9　あまり26
④ 22)176　8
⑤ 13)119　9　あまり2
⑥ 64)520　8　あまり8

**わり算の筆算② (12)**　名前
3けた÷2けた＝2けた（修正なし）

① 875 ÷ 35 を筆算でしましょう。

35)875 ⇒ 35)875 ⇒ 35)875　2　70　175 ⇒ 35)875　25　70　175　175　0

① 商がたつ位をきめる。十の位にたつ。
② 商の見当をつける。8 7÷3 0＝2
③ 2をたてる
かける 35×2＝70　ひく 87－70＝17　5をおろす

上と同じようにやってみよう。

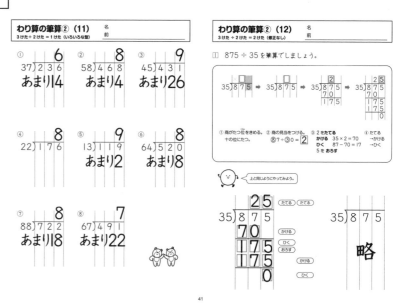

35)875　25　70　175　175　0
たてる　かける　ひく　おろす　かける　ひく

35)875　略

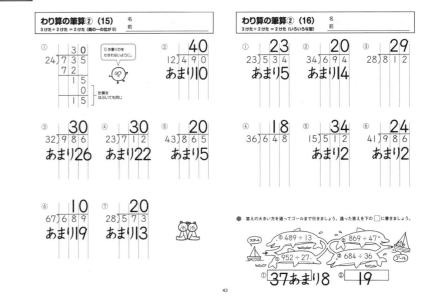
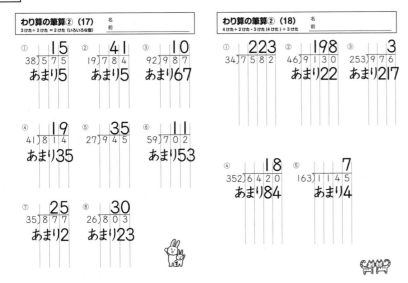
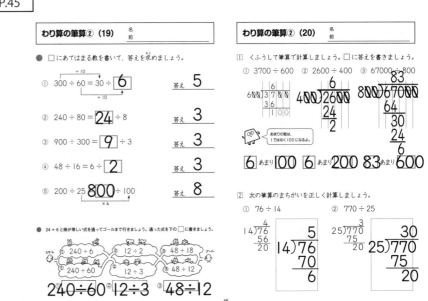

児童に実施させる前に，必ず指導される方が問題を解いてください。本書の解答は，あくまでも1つの例です。指導される方の作られた解答をもとに，本書の解答例を参考に児童の多様な考えに寄り添って○つけをお願いします。

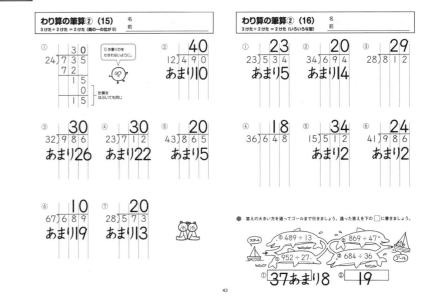

**解答**

---

P.42

**わり算の筆算② (13)**
3けた÷2けた＝2けた（修正なし）

① 23)552 ＝ 24 あまり12
② 42)936 ＝ 22
③ 31)412 ＝ 13 あまり9
④ 24)748 ＝ 31 あまり4
⑤ 53)799 ＝ 15 あまり4
⑥ 32)810 ＝ 25 あまり10
⑦ 23)483 ＝ 21
⑧ 65)854 ＝ 13 あまり9

**わり算の筆算② (14)**
3けた÷2けた＝2けた（修正あり）

① 23)828 ＝ 36
② 34)987 ＝ 29 あまり1
③ 46)900 ＝ 19 あまり26
④ 37)615 ＝ 16 あまり23
⑤ 18)523 ＝ 29 あまり1
⑥ 25)492 ＝ 19 あまり17
⑦ 58)744 ＝ 12 あまり48
⑧ 35)769 ＝ 21 あまり34

1小さくしてもまだひけないときは、さらに1小さくしよう。

---

P.43

**わり算の筆算② (15)**
3けた÷2けた＝2けた（商の一の位が0）

① 24)735 ＝ 30 あまり15
0を書くのをわすれないように。
計算をはぶいても同じ

② 12)490 ＝ 40 あまり10
③ 32)986 ＝ 30 あまり26
④ 23)712 ＝ 30 あまり22
⑤ 43)865 ＝ 20 あまり5
⑥ 67)689 ＝ 10 あまり19
⑦ 28)573 ＝ 20 あまり13

**わり算の筆算② (16)**
3けた÷2けた＝2けた（いろいろな型）

① 23)534 ＝ 23 あまり5
② 34)694 ＝ 20 あまり14
③ 28)812 ＝ 29
④ 36)648 ＝ 18 あまり2
⑤ 15)512 ＝ 34 あまり2
⑥ 41)986 ＝ 24

● 答えの大きい方を通ってゴールまで行きましょう。通った答えを下の□に書きましょう。

スタート ① 489÷13 ② 869÷47 ③ 952÷27 ④ 684÷36 ゴール

① 37あまり8 ② 19

---

P.44

**わり算の筆算② (17)**
3けた÷2けた＝2けた（いろいろな型）

① 38)575 ＝ 15 あまり5
② 19)784 ＝ 41 あまり5
③ 92)987 ＝ 10 あまり67
④ 41)814 ＝ 19 あまり35
⑤ 27)945 ＝ 35
⑥ 59)702 ＝ 11 あまり53
⑦ 35)877 ＝ 25 あまり2
⑧ 26)803 ＝ 30 あまり23

**わり算の筆算② (18)**
4けた÷2けた・3けた（4けた）÷3けた

① 34)7582 ＝ 223
② 46)9130 ＝ 198 あまり22
③ 253)976 ＝ 3 あまり217
④ 352)6420 ＝ 18 あまり84
⑤ 163)1145 ＝ 7 あまり4

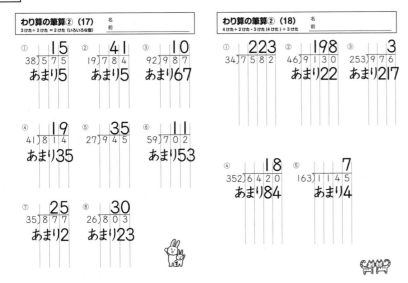

---

P.45

**わり算の筆算② (19)**

● □にあてはまる数を書いて，答えを求めましょう。

① 300÷60 ＝ 30÷ 6　答え 5
（÷10）
② 240÷80 ＝ 24 ÷8　答え 3
③ 900÷300 ＝ 9 ÷3　答え 3
④ 48÷16 ＝ 6÷ 2　答え 3
⑤ 200÷25 ＝ 800 ÷100（×4）　答え 8

● 24÷6と商が等しい式を通ってゴールまで行きましょう。通った式を下の□に書きましょう。

スタート ① 240÷6 ② 12÷2 ③ 48÷18 ゴール

① 240÷60 ② 12÷3 ③ 48÷12

**わり算の筆算② (20)**

① くふうして筆算で計算しましょう。□に答えを書きましょう。

① 3700÷600　② 2600÷400　③ 67000÷800

① 600)3700 ＝ 6 あまり100
② 400)2600 ＝ 6 あまり200
③ 800)67000 ＝ 83 あまり600

あまりの数は、1ではなく100になるよ。

② 次の筆算のまちがいを正しく計算しましょう。
① 76÷14
14)76 ＝ 5 あまり20 → 14)76 ＝ 5
② 770÷25
25)770 ＝ 30 あまり20 → 25)770 ＝ 30

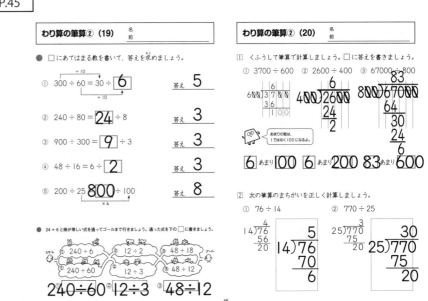

# 解答

児童に実施させる前に，必ず指導される方が問題を解いてください。本書の解答は，あくまでも1つの例です。指導される方の作られた解答をもとに，本書の解答例を参考に児童の多様な考えに寄り添って○つけをお願いします。

---

## P.46

### わり算の筆算② (21)　名前

① 折り紙が288まいあります。この折り紙を18人で同じ数ずつ分けると，1人分は何まいになりますか。

式　288÷18=16

答え　16まい

② 4年生135人を15人ずつのグループに分けて，バスケットボール大会をします。グループはいくつできますか。

式　135÷15=9

答え　9（グループ）

③ 925cmのテープがあります。36cmずつ切ると，何本できて，何cmあまりますか。

式　925÷36=25あまり25

答え　25本できて，25cmあまる。

### わり算の筆算② (22)　名前

① 1こ58円のチョコレートを何こか買うと812円でした。チョコレートを何こ買いましたか。

式　812÷58=14

答え　14こ

② かおりさんは，624ページの本を1日32ページずつ読みます。本を全部読み終わるのに何日かかりますか。

式　624÷32=19あまり16
19+1=20

答え　20日

③ 86このクッキーを12こずつふくろに入れます。何ふくろできて，何こあまりますか。

式　86÷12=7あまり2

答え　7ふくろできて，2こあまる。

---

## P.47

---

## P.48

### がい数の表し方 (1)　名前

● A町とB町の小学生の数は右の表の通りです。それぞれ約何千人といえばよいですか。

| A町 | 2340人 |
|---|---|
| B町 | 2870人 |

① 数直線に↑で2340人と2870人を書き入れ，2000と3000のどちらに近いかを考えましょう。

2340　2870

② 2340人と2870人は，約何千人ですか。

2340人 ➡ 約 2000 人
2870人 ➡ 約 3000 人

③ □に入る数を書きましょう。

約2000人といえるのは，百の位の数字が 0・1・2・3・4 のときです。

約3000人といえるのは，百の位の数字が 5・6・7・8・9 のときです。

### がい数の表し方 (2)　名前

① ⑦37600と①34500を，それぞれ一万の位までのがい数にしましょう。

千の位の数字を四捨五入

| 一万 | 千 | 百 | 十 | 一 |
|---|---|---|---|---|
| ⑦ 4 | 0 | 0 | 0 | 0 |

| 一万 | 千 | 百 | 十 | 一 |
|---|---|---|---|---|
| ① 3 | 0 | 0 | 0 | 0 |

② 次の数を四捨五入して，（ ）の中の位までのがい数にしましょう。

① 75040（一万の位）
80000

② 10960（一万の位）
10000

③ 6830（千の位）
7000

④ 8100（千の位）
8000

⑤ 29310（千の位）
29000

⑥ 54760（千の位）
55000

---

## P.49

### がい数の表し方 (3)　名前

① 4530を上から1けたのがい数と，上から2けたのがい数にしましょう。

⑦ 上から1けたのがい数
5000

① 上から2けたのがい数
4500

② 次の数を四捨五入して上から1けたのがい数にしましょう。

① 54170
50000

② 160280
200000

③ 次の数を四捨五入して上から2けたのがい数にしましょう。

① 22950
23000

② 8005
8000

③ 30730
（31000）

④ 7640
（7600）

### がい数の表し方 (4)　名前

① 四捨五入して十の位のがい数にすると，180になる整数について調べましょう。

173 174 ⑦175 ⑯176 ⑰177 ⑱178 ⑲179 ⑳180 ㉑181 ㉒182 ㉓183 ㉔184 185 186 187

① 上の数直線で一の位を四捨五入して180になる整数に○をしましょう。

② 一の位を四捨五入して，180になる数を「以上，未満」を使って表しましょう。

175 以上 185 未満

② 四捨五入して百の位のがい数にすると，700になる整数について調べましょう。

① 十の位で四捨五入して700になる整数でいちばん小さい数といちばん大きい数を□に書きましょう。

600　650　700　750　800

小さい 650　大きい 749

② 十の位で四捨五入して700になる整数のはんいを以上，未満を使って書きましょう。

650 以上 750 未満

## P.50

### がい数の表し方（5）　名前

① 87こ のみかんを 10こ ずつふくろに入れていきます。
ふくろづめができるみかんは何こ ですか。

82の一の位の7を
0とみなしてがい数にしているよ。
これを「切りすて」というよ。

**80** こ

② 70人乗り，80人乗り，90人乗りのバスがあります。
87人の子どもが遠足に行くのに何人乗りのバスが必要に
なりますか。

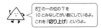
87の一の位の7を
10とみなしてがい数にしているよ。
これを「切り上げ」というよ。

**90** 人乗り

③ 次の数を切りすて，切り上げのしかたで百の位までのがい数に
します。□にあてはまる数を書きましょう。

　　　　切りすて　　　　　切り上げ
① 200 ← 230 → 300
② **7**00 ← 710 → **8**00
③ **4**00 ← 490 → **5**00

### がい数の表し方（6）　名前
がい数を使った計算（たし算・ひき算）

① 右の表は，プラネタリウムの
午前，午後の入場者数です。

| 時 | 人数（人） |
|---|---|
| 午前 | 378 |
| 午後 | 516 |

入場者数

① 午前，午後の入場者数は，
それぞれ約何百人ですか。

午前… 約 **400** 人　午後… 約 **500** 人

② 1日の入場者数は，全部で約何百人ですか。がい算で求めましょう。

式 400＋500＝900
答え 約 **900人**

③ 午後の入場者数は，午前の入場者数より約何百人多いですか。
がい算で求めましょう。

式 500－400＝100
答え 約 **100人**

② 右の2つの品物を買って，1000円札で
はらいます。おつりは約何円ですか。
四捨五入して百の位までのがい数で
求めましょう。

魚 526円　トマト 358円

式 1000－（500＋400）＝100
答え 約 **100円**

50

## P.51

### がい数の表し方（7）　名前
がい数を使った計算（かけ算）

● おまつりで，1本 280円の焼きとうもろこしが 84本売れました。
焼きとうもろこしの売り上げは約何円になりますか。

① 280×84 を計算して，実さいの金がくを求めましょう。

答え **23520円**

② 280, 84を四捨五入して，上から1けたのがい数に
表しましょう。

280 ⇒ 約（ **300** ）円
84 ⇒ 約（ **80** ）本

③ 焼きとうもろこしの売り上げを見積もりましょう。

式 300×80＝24000
答え 約 **24000円**

かけ算の積を見積もるときは
かけられる数も，かける数も上から
1けたのがい数にすると便利だね。

### がい数の表し方（8）　名前
がい数を使った計算（わり算）

● 遠足で水族館へ行きました。バス代や入館料など
あわせて 86710円かかりました。29人で等分すると，
1人分は約何円になりますか。

① 86710÷29 を計算して，実さいの金がくを求めましょう。

答え **2990円**

② 86710を四捨五入して，上から2けたのがい数に表しましょう。

86710 ⇒ 約（ **87000** ）円

③ 29を四捨五入して，上から1けたのがい数に表しましょう。

29 ⇒ 約（ **30** ）人

④ 1人分の金がくを見積もりましょう。

式 87000÷30＝2900
答え 約 **2900円**

わり算の商を見積もるときも
上から1けたか2けたのがい数にすると
とかん単に見積もることができるよ。

51

## P.52

### がい数の表し方（9）　名前

① あるテーマパークの入場者数は
右の表の通りです。

| | |
|---|---|
| 8月 | 29520人 |
| 9月 | 20180人 |

① 8月，9月あわせての入場者数は約何万人ですか。

式 30000＋20000＝50000
答え 約 **5万人**

② 8月の入場者数は，9月の入場者数より約何万人多いですか。

式 30000－20000＝10000
答え 約 **1万人**

② 1しゅう328mの公園のまわりを 18しゅう走りました。
全部で約何m走ったでしょうか。上から1けたのがい数に
して見積もりましょう。

式 300×20＝6000
答え 約 **6000m**

③ 四捨五入して上から1けたのがい数にして商を求めましょう。

① 49664 ÷ 512　② 614800 ÷ 290

① 50000÷500　② 600000÷300
　　約 **100**　　　　約 **2000**

### がい数の表し方（10）　名前

● スーパーで右の表の3つの品物を買い
ます。千円でたりるかどうか考えましょう。

| 食料 | 金がく（円） |
|---|---|
| きゅうり | 127 |
| トマト | 256 |
| いちご | 482 |

① この問題は，次の3つのうちのどの方法
を使えばいいでしょうか。○で囲みましょう。

切り捨て　四捨五入　**切り上げ**

② それぞれ約何百円とみればいいですか。

きゅうり… 約 **200** 円

トマト… 約 **300** 円　いちご… 約 **500** 円

③ 買い物は千円でたりるでしょうか。②で がい数にした金がくを
合計して答えましょう。

式 200＋300＋500＝1000
答え **たりる**

めいろです。千の位までのがい数にして大きい数を通りましょう。
通った方の がい数を下の□に書きましょう。

スタート
7485 / 7506
10932 / 10385
357200 / 356470
プール

① **8000** ② **11000** ③ **357000**

52

## P.53

### ふりかえりテスト　がい数の表し方　名前

① 四捨五入して，（　）の中の位までの
がい数にしましょう。

① 526（百の位）　→（ **500** ）
② 7610（千の位）　→（ **8000** ）
③ 20950（千の位）→（ **21000** ）
④ 31830（万の位）→（ **30000** ）
⑤ 85270（万の位）→（ **90000** ）

② 四捨五入して，上から1けたと2けたの
がい数にしましょう。

　　　　1けた　　　2けた
① 6723 （ **7000** ）（ **6700** ）
② 10835 （ **10000** ）（ **11000** ）

③ 四捨五入して，十の位までのがい数に
して整数を見積もりましょう。

① 80940－380
式 80000÷400
　　＝**200** 約 **200**

② 199680÷5120
式 200000÷5000
　　＝**40** 約 **40**

④ 子ども会の遠足でハイキングに行きました。
歩いたコースは下の通りです。約何m歩いた
でしょうか。
四捨五入して，百の位までのがい数にして
求めましょう。

駅 ← 870m → こうえん前 ← 1020m → 公園 ← 180m → くつ屋

式 200＋1000＋900
　＝2100
答え 約 **2100m**

⑤ 4年生 75人から遠足代として1人 2150
円ずつ集めて，全部で約何円集まった
でしょうか。上から1けたのがい数にして
見積もりましょう。

式 2000×80
　＝160000
答え 約 **160000円**

⑥ 四捨五入して，上から1けたのがい数に
して見積もりましょう。

80940÷380
式 80000÷400
　＝**200** 約 **200**

199680÷5120
式 200000÷5000
　＝**40** 約 **40**

⑦ 四捨五入して，十の位までのがい数にす
ると，120になりました。このときの整数
はいくつから いくつですか。このんだ整数
を使って答えましょう。

（ **115** 以上 **125** 未満 ）

115 / 120 / 125 / 130

53

P.54

### 計算のきまり (1) 名前

① みくさんは，500円玉を持って買い物に行き，250円のクッキーと150円のジュースを買いました。おつりは何円になりますか。

① クッキーとジュースの代金の合計は何円になりますか。
式 $250 + 150 = 400$　答え 400円

② おつりは何円になりますか。
式 $500 - 400 = 100$　答え 100円

③ ①と②の式を（ ）を使って１つの式に表しましょう。

| 持っていたお金 | 代金 | おつり |
|---|---|---|

$500 - (250 + 150) = 100$

> （ ）のある式では，（ ）の中を
> ひとまとまりとみて，先に計算するよ。

② 次の計算をしましょう。
① $17 + (18 + 12)$
$= 17 + 30$
$= 47$

② $26 - (15 - 5)$
$= 26 - 10$
$= 16$

### 計算のきまり (2) 名前

① なおさんは，1本75円のえん筆と125円のボールペンを1組にして5組買いました。代金は何円になりますか。

① 1組の代金は何円になりますか。
式 $75 + 125 = 200$　答え 200円

② 5組分の代金は何円になりますか。
式 $200 \times 5 = 1000$　答え 1000円

③ ①と②の式を（ ）を使って1つの式に表しましょう。

| 1組分の代金 | 組の数 | 代金の合計 |
|---|---|---|

$(75 + 125) \times 5 = 1000$

> かけ算（わり算）がまじっていても
> （ ）の中を先に計算するよ。

② 次の計算をしましょう。
① $8 \times (32 + 18)$
$= 8 \times 50$
$= 400$

② $(46 + 17) \div 7$
$= 63 \div 7$
$= 9$

P.55

### 計算のきまり (3) 名前

① ゆみさんは，1こ80円のガムを3ことと160円のチョコレートを買いました。代金は何円になりますか。

① ガム3この代金は何円になりますか。
式 $80 \times 3 = 240$　答え 240円

② ガム3この代金にチョコレートの代金をたすと何円になりますか。
式 $240 + 160 = 400$　答え 400円

③ ①と②の式を1つの式に表しましょう。

| ガムの代金 | チョコレートの代金 | 代金 |
|---|---|---|

$80 \times 3 + 160 = 400$

> 式の中のかけ算（わり算）は
> たし算・ひき算より先に計算しよう。

② 次の計算をしましょう。
① $60 + 8 \times 5$
$= 60 + 40$
$= 100$

② $46 \div 2 - 10$
$= 23 - 10$
$= 13$

### 計算のきまり (4) 名前

① 計算の順じょにしたがって計算しましょう。

> ● ふつう，左から順にします。
> ● （ ）があるときは，（ ）の中を先にします。
> ● ＋，－と，×，÷とでは，×，÷を先にします。

① $24 \div 3 \times 4 = 8 \times 4$
$= 32$

② $24 - (3 + 4) = 24 - 7$
$= 17$

③ $24 + 3 \times 4 = 24 + 12$
$= 36$

④ $(3 \times 4) \div 2 = 24 \div 12$
$= 2$

② 計算の順じょに気をつけて計算しましょう。
① $5 \times 8 - 4 \div 2 = 40 - 4 \div 2$
$= 40 - 2 = 38$

② $5 \times (8 - 4) \div 2 = 5 \times 4 \div 2$
$= 20 \div 2 = 10$

③ $5 \times (8 - 4 \div 2) = 5 \times (8 - 2)$
$= 5 \times 6 = 30$

> ①→②→③の
> 順じょで
> 計算しよう。

P.56

### 計算のきまり (5) 名前

● 計算しましょう。
① $15 - 3 \times 4 = 15 - 12$
$= 3$

② $50 - (25 + 15) = 50 - 40$
$= 10$

③ $72 \div (15 - 7) = 72 \div 8$
$= 9$

④ $26 + 6 \times 9 = 26 + 54$
$= 80$

⑤ $12 \times (32 - 28) \div 4 = 12 \times 4 \div 4$
$= 48 \div 4$
$= 12$

● 答えの大きい方を通ってゴールしましょう。通った答えを下の□に書きましょう。

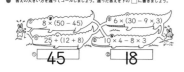

$8 \times (50 - 45)$
$6 \times (30 - 9 \times 3)$
$25 + (12 + 8)$
$10 \times 4 - 8 \times 3$
① 45　② 18

### 計算のきまり (6) 名前

① 星のマークは全部で何こありますか。

★★★☆☆
★★★☆☆
★★★☆☆
★★★☆☆

● ⑦と⑦の式に表して，答えが同じになるかたしかめましょう。

| ★の数 | ☆の数 |
|---|---|

⑦ $4 \times 3 + 4 \times 2 = 20$

| たての星の数 | 横の星の数 |
|---|---|

⑦ $4 \times (3 + 2) = 20$　答え 20こ

② くふうして計算しましょう。
① $108 \times 7 = (100 + 8) \times 7$
$= 100 \times 7 + 8 \times 7$
$= 700 + 56$
$= 756$

② $86 \times 9 - 26 \times 9 = (86 - 26) \times 9$
$= 60 \times 9$
$= 540$

P.57

### 垂直・平行と四角形 (1) 名前

① 2本の直線が垂直なのはどれですか。（ ）に○をしましょう。

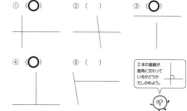

① （○）　② （ ）　③ （○）
④ （○）　⑤ （ ）

> 2本の直線が
> 直角に交わって
> いるかどうか
> たしかめよう。

② 下の図で，⑦の直線に垂直な直線はどれですか。（ ）に記号を書きましょう。

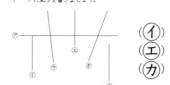

（イ）
（エ）
（カ）

### 垂直・平行と四角形 (2) 名前

● 2まいの三角じょうぎを使って，点Aを通り直線⑦に垂直な直線を書きましょう。

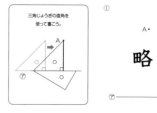

> 三角じょうぎの直角を
> 使って書こう。

① 略

② 略

③ 略

## P.58

### 垂直・平行と四角形（3） 名前
平行

① 右の図を見て，□にあてはまることばを□からえらんで書きましょう。

① 直線あと直線いは，**平行**です。
② 直線いと直線うは，**垂直**です。

　　垂直　・　平行

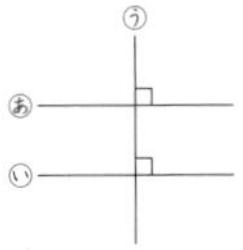

② 2本の直線が平行になっているのはどれですか。
（　）に○をしましょう。

① （ ○ ）　② （　）　③ （ ○ ）
④ （　）　⑤ （ ○ ）

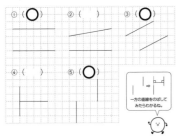
一方の直線をのばしてみたらわかるね。

### 垂直・平行と四角形（4） 名前
平行

① 右の図の直線あといは平行です。
（　）の正しい方のことばに○をしましょう。

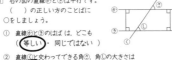

① 直線あといのはばは，どこも
（ **等しい**・ 同じではない ）

② 直線いと交わってできる角う，角えの大きさは
（ **等しい**・ 同じではない ）

② 下の図の直線あといは平行です。
直線ウエ，直線オカはそれぞれ何 cm ですか。

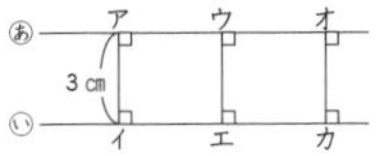

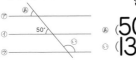
3 cm

直線ウエ（ **3** ）cm
直線オカ（ **3** ）cm

③ 下の図で直線ア，イ，ウは平行です。
あ，いの角度はそれぞれ何度ですか。

50°

あ（ **50** ）°
い（ **130** ）°

## P.59

### 垂直・平行と四角形（5） 名前
平行

● 2まいの三角じょうぎを使って，点Aを通り直線アに平行な直線を書きましょう。

三角じょうぎをずらして書いてみよう。

① 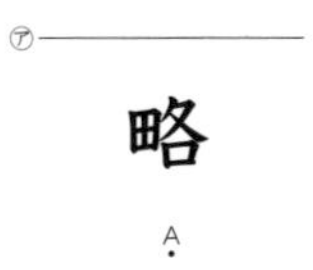 略

② 略　③ 略

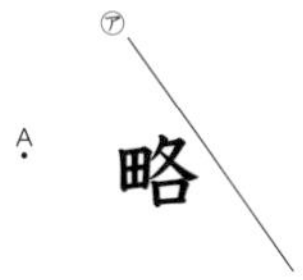

### 垂直・平行と四角形（6） 名前
平行

① 垂直や平行な直線をみつけましょう。

① 直線アに垂直な直線は
あ〜けのどれですか。

（ **あ** ）

② 直線アに平行な直線は
あ〜けのどれですか。

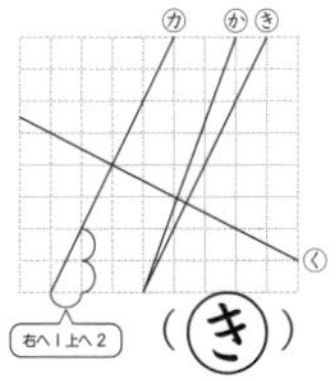

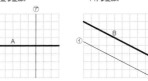

（ **き** ）

② 垂直や平行な直線を書きましょう。

① 点Aを通り直線アに
垂直な直線。

② 点Bを通り直線イに
平行な直線。

## P.60

### 垂直・平行と四角形（7） 名前
台形

① （　）にあてはまることばを書きましょう。

向かい合った1組の辺が（ **平行** ）な四角形を台形といいます。　台形

② 台形はどれですか。記号をすべて書きましょう。

（ **ア，エ** ）

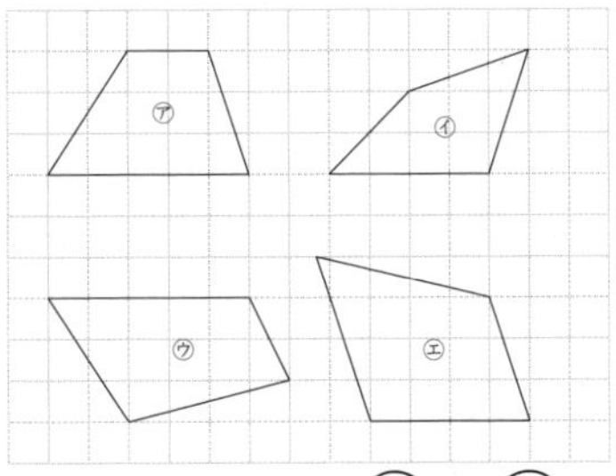

平行になっている辺に色をぬってみよう。

### 垂直・平行と四角形（8） 名前
台形

① 平行な直線を使って，れいのように台形を1つ書きましょう。

れい　　略

② 台形の続きを書きましょう。

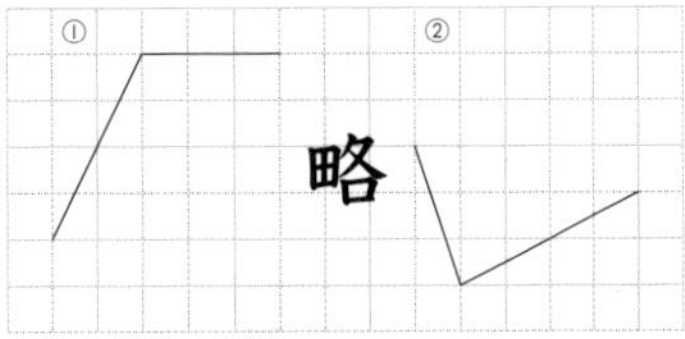

① ②　略

③ 図のような台形を書きましょう。

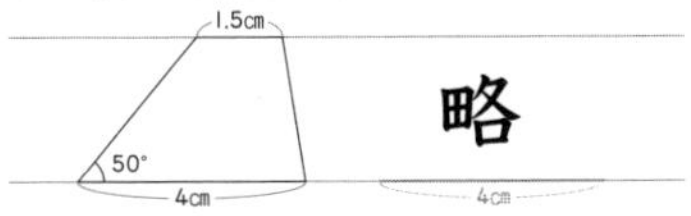

1.5cm
50°
4cm　4cm

略

## P.61

### 垂直・平行と四角形（9） 名前
平行四辺形

① （　）にあてはまることばを書きましょう。

向かい合った2組の辺が（ **平行** ）な四角形を平行四辺形といいます。　平行四辺形

② 平行四辺形はどれですか。記号をすべて書きましょう。

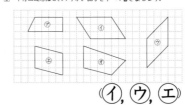

（ **イ，ウ，エ** ）

③ 平行な直線を使って，れいのように平行四辺形を1つ書きましょう。

れい　　略

### 垂直・平行と四角形（10） 名前
平行四辺形

① 平行四辺形の続きを書きましょう。

① ②　略

② 平行四辺形の特ちょうで，あてはまる方に○をしましょう。

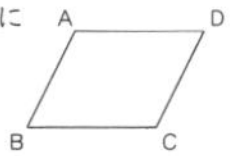

① 向かい合った角の大きさは
（ **等しい**・ 等しくない ）

② 向かい合った辺の長さは（ **等しい**・ 等しくない ）

角Aと向かい合う角は，角C
辺ABと向かい合う辺は，辺DCだね。

③ 右の平行四辺形の角度や辺の長さを求めましょう。

110°　70°
3cm
4cm

角B（ **70** ）°
角C（ **110** ）°
辺AD（ **4** ）cm
辺CD（ **3** ）cm

## P.62

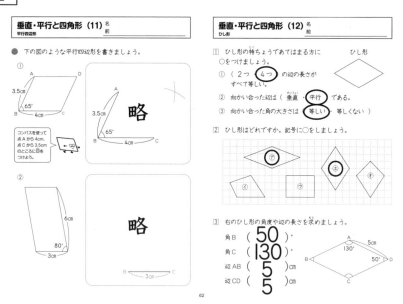

**垂直・平行と四角形（11）** 名前
平行四辺形

● 下の図のような平行四辺形を書きましょう。

① A D 3.5cm 65° B 4cm C
3.5cm 65° 4cm 略
コンパスを使って点Aから4cm，点Cから3.5cmのところに印をつけよう。

② 6cm 80° 3cm
略
B 3cm C

**垂直・平行と四角形（12）** 名前
ひし形

① ひし形の特ちょうであてはまる方に○をつけましょう。

① （2つ・④4つ）の辺の長さがすべて等しい。

② 向かい合った辺は（垂直・⑪平行）である。

③ 向かい合った角の大きさは（⑭等しい・等しくない）

② ひし形はどれですか。記号に○をしましょう。
⑦ ⑦ ㋑ ㋒

③ 右のひし形の角度や辺の長さを求めましょう。

角B（ **50** ）°
角C（ **130** ）°
辺AB（ **5** ）cm
辺CD（ **5** ）cm

A 5cm 130° 50° B D C

## P.63

**垂直・平行と四角形（13）** 名前
ひし形

① コンパスを使って辺の長さが4cmのひし形を書きましょう。

略

ひし形の4つの辺の長さは、すべて等しかったね。

② 下の図のようなひし形を書きましょう。

A 50° B 3cm C D
略

**垂直・平行と四角形（14）** 名前
四角形の対角線

● 次の四角形の対角線について調べましょう。

正方形　長方形　台形
平行四辺形　ひし形

① 上の四角形に対角線をひきましょう。

② 2本の対角線の長さが等しい四角形はどれですか。
**正方形 長方形**

③ 2本の対角線が垂直に交わる四角形はどれですか。
**正方形 ひし形**

④ 2本の対角線が交わった点で、それぞれの対角線が2等分される四角形はどれですか。
**正方形 長方形**
**平行四辺形 ひし形**

## P.64

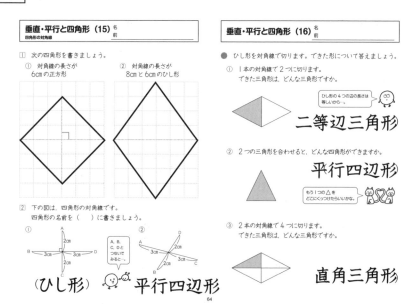

**垂直・平行と四角形（15）** 名前
四角形の対角線

① 次の四角形を書きましょう。

① 対角線の長さが6cmの正方形

② 対角線の長さが8cmと6cmのひし形

② 下の図は、四角形の対角線です。四角形の名前を（ ）に書きましょう。

① 2cm 3cm 3cm 2cm
（ **ひし形** ）

② A、B、C、D、Dとつないでみると…
A D 3cm 2cm 2cm B C
**平行四辺形**

**垂直・平行と四角形（16）** 名前

● ひし形を対角線で切ります。できた形について答えましょう。

① 1本の対角線で2つに切ります。できた三角形は、どんな三角形ですか。
ひし形の4つの辺の長さは等しいから…。
**二等辺三角形**

② 2つの三角形を合わせると、どんな四角形ができますか。
もう1つの△をどこにくっつけたらいいかな。
**平行四辺形**

③ 2本の対角線で4つに切ります。できた三角形は、どんな三角形ですか。
**直角三角形**

## P.65

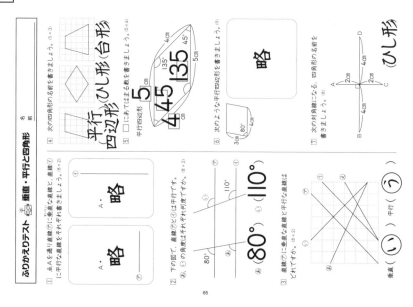

**ふりかえりテスト ⑥ 垂直・平行と四角形** 名前

④ 次の四角形の名前を書きましょう。(5×3)
平行四辺形（ひし形（台形

⑤ □にあてはまる数を書きましょう。(5×4)
平行四辺形
**4** cm **4** **5** **135**° **135**° **5** cm

⑥ 次のような平行四辺形を書きましょう。(9)
3cm 80° 5cm
略

⑦ 次の対角線になると、四角形の名前を書きましょう。(8)
A 2cm B 4cm 4cm D C
（ひし形）
略

① 点Aを通り直線⑦に垂直な直線と、直線⑦に平行な直線をそれぞれ書きましょう。(8×2)
A・ 略
A・ 略

② 下の図で、直線⑦と⑪は平行です。㋐、㋑の角度はそれぞれ何度ですか。(8×2)
80° ㋐ 110° ㋑
㋐ **80**° ㋑ **110**°

③ 直線⑦に垂直な直線と平行な直線はどれですか。(8×2)
垂直（ ① ） 平行（ ⑦ ）

118

P.66

## 面積 (1)　名前

広さのことを面積といいます。1辺が1cmの正方形の面積を，1平方センチメートルといい，1cm²と書きます。

● 次の⑦～⊆の面積は何cm²ですか。

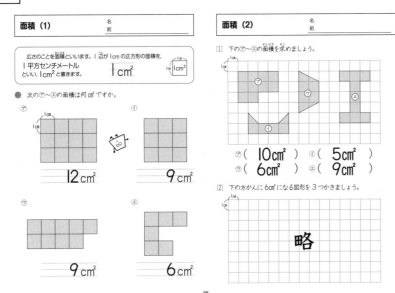

⑦ 12cm²　　④ 9cm²

⑦ 9cm²　　⊆ 6cm²

## 面積 (2)　名前

① 下の⑦～⊆の面積を求めましょう。

⑦( 10cm² )　④( 5cm² )
⑦( 6cm² )　⊆( 9cm² )

② 下の方がんに6cm²になる図形を3つかきましょう。

略

66

P.67

## 面積 (3)　名前

● 次の長方形や正方形の面積を求めましょう。

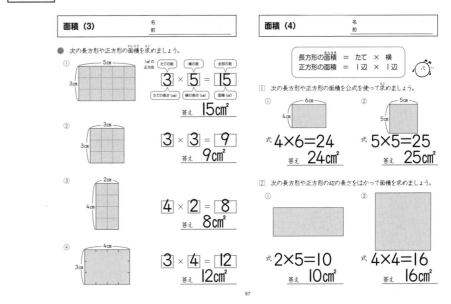

① 3 × 5 = 15　答え 15cm²

② 3 × 3 = 9　答え 9cm²

③ 4 × 2 = 8　答え 8cm²

④ 3 × 4 = 12　答え 12cm²

## 面積 (4)　名前

| 長方形の面積 ＝ たて × 横 |
| 正方形の面積 ＝ 1辺 × 1辺 |

① 次の長方形や正方形の面積を公式を使って求めましょう。

① 式 4×6=24　24cm²
② 式 5×5=25　25cm²

② 次の長方形や正方形の辺の長さをはかって面積を求めましょう。

① 式 2×5=10　答え 10cm²
② 式 4×4=16　答え 16cm²

67

P.68

## 面積 (5)　名前

① 面積が15cm²で，たての長さが3cmの長方形があります。
長方形の横の長さは何cmですか。

式 15÷3=5

公式にあてはめると 3×□＝15 だから。

答え 5cm

② ( )にあてはまる数を求めましょう。

① 式 28÷7=4　答え 4cm
② 式 36÷6=6　答え 6cm

● 面積の広い方を通ってゴールまで行きましょう。下の□に通った方の面積を書きましょう。

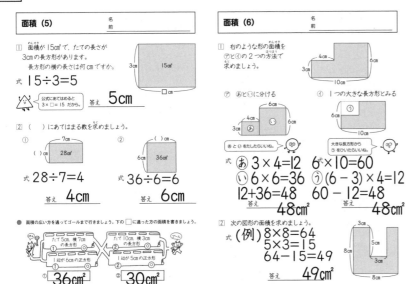

① 36cm²　② 30cm²

## 面積 (6)　名前

① 右のような形の面積を⑦と④の2つの方法で求めましょう。

⑦ あとⒾに分ける
④ 1つの大きな長方形とみる

⑥とⒾをたしたらいいね。
大きな長方形からⒾをひいたらいいね。

式
あ 3 × 4 = 12
⑤ 6 × 10 = 60
Ⓘ 6 × 6 = 36
Ⓘ (6 - 3) × 4 = 12
12+36=48　60 - 12=48
48cm²　48cm²

② 次の図形の面積を求めましょう。

式 (例)8×8=64
5×3=15
64-15=49
答え 49cm²

68

P.69

## 面積 (7)　名前

1辺が1mの正方形の面積を，1平方メートルといい，1m²と書きます。

① 次の図形の面積を求めましょう。

① 式 5×7=35　答え 35m²
② 式 7×7=49　答え 49m²

② 1m²は何cm²ですか。

1m² = 10000 cm²

③ たて80cm，横1mのポスターがあります。
このポスターの面積を求めましょう。

1m = 100 cm

単位をcmにそろえてみよう。

式 80×100=8000　答え 8000cm²

## 面積 (8)　名前

1辺が10mの正方形の面積を，1アールといい，1aと書きます。　1a = 100m²

① 右の図の面積を求めましょう。

① 面積は何m²ですか。
20×30=600　答え 600m²

② 面積は何aですか。
式 1aが( 2 )×( 3 )=( 6 )　答え 6a

1辺が100mの正方形の面積を，1ヘクタールといい，1haと書きます。　1a = 10000m²

② 右の図の面積を求めましょう。

① 面積は何m²ですか。
200×400=80000　答え 80000m²

② 面積は何haですか。
式 1haが( 2 )×( 4 )=( 8 )　答え 8ha

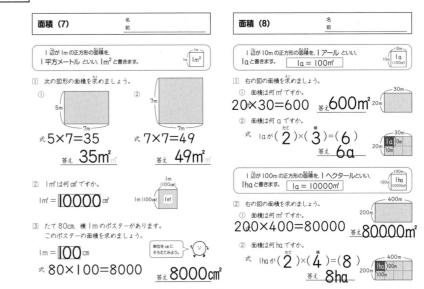

69

### P.70

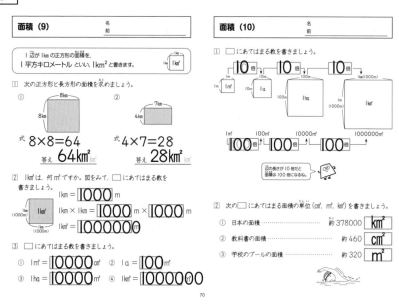

**面積 (9)**

1辺が1kmの正方形の面積を，1平方キロメートル といい，1km² と書きます。

① 次の正方形と長方形の面積を求めましょう。

① 式 8×8＝64　答え 64km²

② 式 4×7＝28　答え 28km²

② 1kmは，何㎡ですか。図をみて，□にあてはまる数を書きましょう。

1km × 1km ＝ 1000 m × 1000 m

1km² ＝ 1000000 ㎡

③ □にあてはまる数を書きましょう。

① 1㎡＝ 10000 cm²　② 1a＝ 100 ㎡

③ 1ha＝ 10000 ㎡　④ 1km²＝ 1000000 ㎡

**面積 (10)**

① □にあてはまる数を書きましょう。

1m² →10倍→ 1a →10倍→ 1ha →10倍→ 1km(1000m)

1m² →100倍→ 100㎡ →100倍→ 10000㎡ →100倍→ 1000000㎡

辺の長さが10倍だと面積は100倍になるね。

② 次の□にあてはまる面積の単位（cm²，㎡，km²）を書きましょう。

① 日本の面積 …… 約378000 km²

② 教科書の面積 …… 約460 cm²

③ 学校のプールの面積 …… 約320 ㎡

### P.71

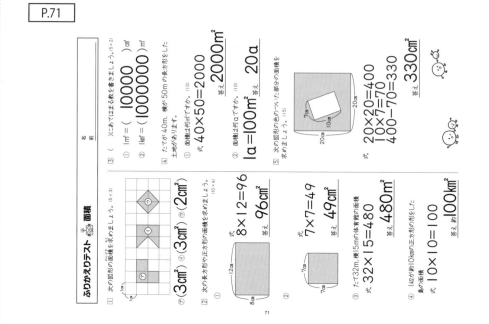

**ふりかえりテスト ⑧ 面積**

③ （ ）にあてはまる数を書きましょう。

① 1㎡＝（ 10000 ）cm²

② 1km²＝（ 1000000 ）㎡

④ たてが40m，横が50mの長方形の土地があります。

① 面積は何㎡ですか。
式 40×50＝2000　答え 2000m²

② 面積は何aですか。
1a＝100㎡　答え 20a

⑤ 次の図形の色のついた部分の面積を求めましょう。
式 20×20＝400
10×7＝70
400−70＝330　答え 330cm²

① 次の図形の面積を求めましょう。
⑦（ 3cm² ）⑦（ 2cm² ）
⑦（ 3cm² ）

② 次の長方形や正方形の面積を求めましょう。
① 式 8×12＝96　答え 96cm²
② 式 7×7＝49　答え 49cm²

③ たて32m，横15mの長方形の体育館の面積
式 32×15＝480　答え 480m²

④ 1辺が約10kmの正方形の形をした島の面積
式 10×10＝100　答え 約100km²

### P.72

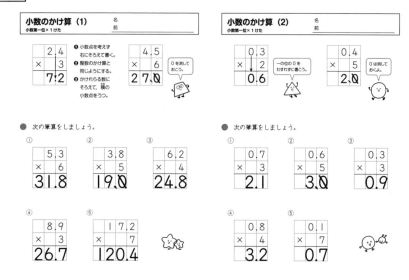

**小数のかけ算 (1)** 小数第一位×1けた

❶ 小数点を考えず右にそろえて書く。
2.4 × 3 ＝ 7.2

❷ 整数のかけ算と同じようにする。
4.5 × 6 ＝ 27.0（0を消しておこう。）

❸ かけられる数にそろえて，積の小数点をうつ。

● 次の筆算をしましょう。

① 5.3 × 6 ＝ 31.8

② 3.8 × 5 ＝ 19.0

③ 6.2 × 4 ＝ 24.8

④ 8.9 × 3 ＝ 26.7

⑤ 17.2 × 7 ＝ 120.4

**小数のかけ算 (2)** 小数第一位×1けた

0.3 × 2 ＝ 0.6（一の位の0をわすれずに書こう。）

0.4 × 5 ＝ 2.0（0は消しておくよ。）

● 次の筆算をしましょう。

① 0.7 × 3 ＝ 2.1

② 0.6 × 5 ＝ 3.0

③ 0.3 × 3 ＝ 0.9

④ 0.8 × 4 ＝ 3.2

⑤ 0.1 × 7 ＝ 0.7

### P.73

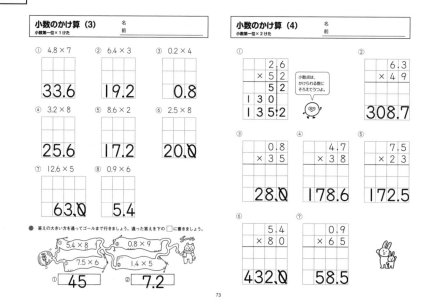

**小数のかけ算 (3)** 小数第一位×1けた

① 4.8×7 ＝ 33.6

② 6.4×3 ＝ 19.2

③ 0.2×4 ＝ 0.8

④ 3.2×8 ＝ 25.6

⑤ 8.6×2 ＝ 17.2

⑥ 2.5×8 ＝ 20.0

⑦ 12.6×5 ＝ 63.0

⑧ 0.9×6 ＝ 5.4

● 答えの大きい方を通ってゴールまで行きましょう。通った答えを下の□に書きましょう。

5.4×8　0.8×9
7.5×6　1.4×5

① 45　② 7.2

**小数のかけ算 (4)** 小数第一位×2けた

① 2.6 × 52 ＝ 135.2（小数点は，かけられる数にそろえてうとう。）

② 6.3 × 49 ＝ 308.7

③ 0.8 × 35 ＝ 28.0

④ 4.7 × 38 ＝ 178.6

⑤ 7.5 × 23 ＝ 172.5

⑥ 5.4 × 80 ＝ 432.0

⑦ 0.9 × 65 ＝ 58.5

## P.74

### 小数のかけ算（5）
小数第一位×2けた　　名前

① 3.6×45　 162.0
② 8.2×36　 295.2
③ 5.4×61　 329.4
④ 0.3×86　 25.8
⑤ 4.5×28　 126.0
⑥ 0.7×50　 35.0
⑦ 28.6×33　 943.8
⑧ 14.7×54　 793.8

### 小数のかけ算（6）
小数第二位×1けた　　名前

①
① 2.54×3 = 7.62　（小数点をわすれずに。）
② 0.23×4 = 0.92
③ 5.19×6 = 31.14
④ 0.46×8 = 3.68
⑤ 3.28×5 = 16.40

②
① 4.71×9 = 42.39
② 0.19×7 = 1.33
③ 8.43×3 = 25.29
④ 0.05×6 = 0.30
⑤ 6.52×8 = 52.16

## P.75

### 小数のかけ算（7）
小数第二位×2けた　　名前

① 3.14×28 = 87.92
② 0.56×72 = 40.32
③ 6.38×45 = 287.10
④ 0.92×63 = 57.96
⑤ 5.49×70 = 384.30
⑥ 0.85×54 = 45.90

● 答えの大きい方を通ってゴールしましょう。通った答えを下の □ に書きましょう。

2.36×4　　0.36×19
1.83×5　　0.51×13

① 9.44　② 6.84

### 小数のかけ算（8）
小数第二位×1けた・2けた　　名前

① 8.37×6 = 50.22
② 0.72×9 = 6.48
③ 6.26×5 = 31.30
④ 1.94×34 = 65.96
⑤ 0.68×95 = 64.60
⑥ 5.05×62 = 313.10
⑦ 2.88×73 = 210.24
⑧ 0.07×50 = 3.50

## P.76

### 小数のかけ算（9）
名前

① 1.8L 入りのジュースが9本あります。全部で何Lですか。
式　1.8×9＝16.2
答え　16.2L

② 公園の花だんのたての長さは8.5m，横の長さは12mです。この公園の面積は何㎡ですか。
式　8.5×12＝102.0
答え　102㎡

③ ゆうきさんは，1周2.4kmの池のまわりを毎日1周ずつ2週間走りました。全部で何km走りましたか。
式　2.4×14＝33.6
答え　33.6km

### 小数のかけ算（10）
名前

① 高さ8.72㎝の箱を7こつみ重ねると，全体の高さは何㎝になりますか。
式　8.72×7＝61.04
答え　61.04cm

② 1まいの重さが0.48kgの板があります。この板36まいの重さは何kgですか。
式　0.48×36＝17.28
答え　17.28kg

③ 8つのコップにジュースを同じりょうずつ分けると，0.65Lずつになりました。ジュースは全部で何Lありますか。
式　0.65×8＝5.20
答え　5.2L

## P.77

### 小数のわり算（1）
小数第一位÷1けた　　名前

① 4.8÷3 = 1.6
❶ 整数部分の計算をする。
❷ わられる数の小数点にそろえて商の小数点をうつ。
❸ 整数のわり算と同じように続きを計算する。

② 7.5÷5 = 1.5
③ 8.4÷6 = 1.4
④ 9.1÷7 = 1.3
⑤ 7.2÷4 = 1.8
⑥ 16.8÷3 = 5.6
⑦ 25.6÷8 = 3.2

### 小数のわり算（2）
小数第一位÷2けた　　名前

① 25.5÷15 = 1.7
② 67.2÷16 = 4.2
③ 73.5÷21 = 3.5
④ 98.6÷34 = 2.9
⑤ 87.4÷23 = 3.8
⑥ 91.8÷18 = 5.1

小数点をうつ以外は整数のわり算と同じだよ。

121

児童に実施させる前に，必ず指導される方が問題を解いてください。本書の解答は，あくまでも1つの例です。指導される方の作られた解答をもとに，本書の解答例を参考に児童の多様な考えに寄り添って○つけをお願いします。

P.78

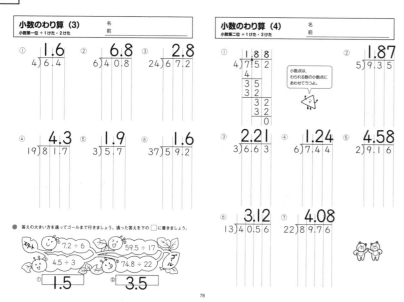

P.79

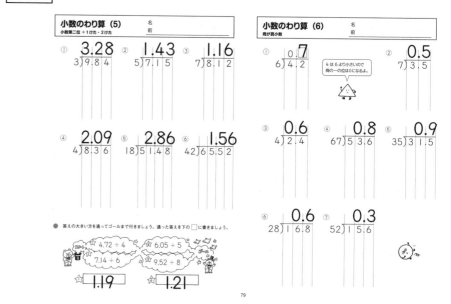

P.80

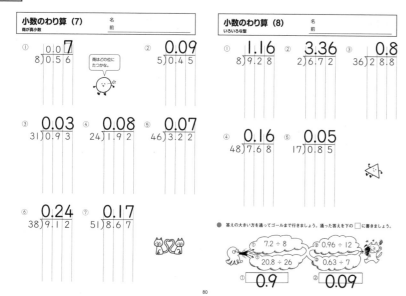

P.81

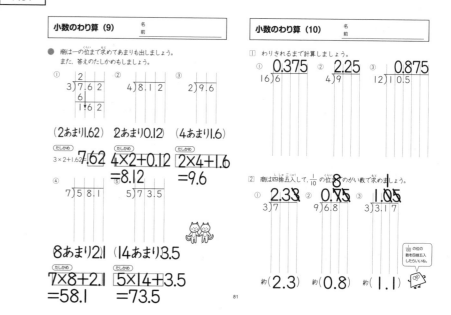

---

P.82

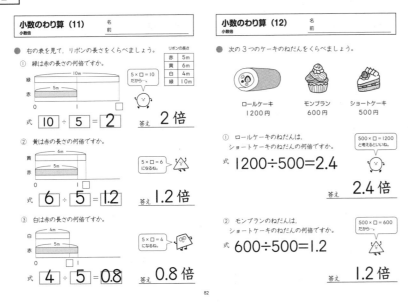

**小数のわり算（11）** 名前

● 右の表を見て，リボンの長さをくらべましょう。

| リボンの長さ | |
|---|---|
| 赤 | 5m |
| 黄 | 6m |
| 白 | 4m |
| 緑 | 10m |

① 緑は赤の長さの何倍ですか。

5×□＝10 だから…

式 $10 ÷ 5 = 2$  答え **2倍**

② 黄は赤の長さの何倍ですか。

5×□＝6 になるね。

式 $6 ÷ 5 = 1.2$  答え **1.2倍**

③ 白は赤の長さの何倍ですか。

5×□＝4 になるね。

式 $4 ÷ 5 = 0.8$  答え **0.8倍**

**小数のわり算（12）** 名前

● 次の3つのケーキのねだんをくらべましょう。

ロールケーキ 1200円　モンブラン 600円　ショートケーキ 500円

① ロールケーキのねだんは，ショートケーキのねだんの何倍ですか。

500×□＝1200 と考えるといいね。

式 $1200 ÷ 500 = 2.4$  答え **2.4倍**

② モンブランのねだんは，ショートケーキのねだんの何倍ですか。

500×□＝600 だから…

式 $600 ÷ 500 = 1.2$  答え **1.2倍**

82

---

P.83

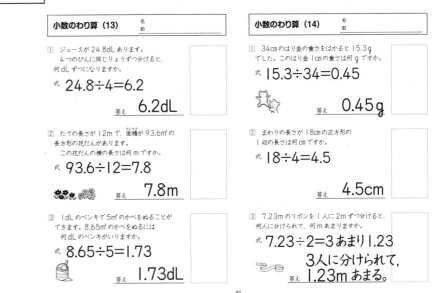

**小数のわり算（13）** 名前

① ジュースが24.8dLあります。4つのびんに同じりょうずつ分けると，何dLずつになりますか。

式 $24.8 ÷ 4 = 6.2$  答え **6.2dL**

② たての長さが12mで，面積が93.6㎡の長方形の花だんがあります。この花だんの横の長さは何mですか。

式 $93.6 ÷ 12 = 7.8$  答え **7.8m**

③ 1dLのペンキで5㎡のかべをぬることができます。8.65㎡のかべをぬるには何dLペンキがいりますか。

式 $8.65 ÷ 5 = 1.73$  答え **1.73dL**

**小数のわり算（14）** 名前

① 34cmのはり金の重さをはかると15.3gでした。このはり金1cmの重さは何gですか。

式 $15.3 ÷ 34 = 0.45$  答え **0.45g**

② まわりの長さが18cmの正方形の1辺の長さは何cmですか。

式 $18 ÷ 4 = 4.5$  答え **4.5cm**

③ 7.23mのリボンを1人に2mずつ分けると，何人に分けられて，何mあまりますか。

式 $7.23 ÷ 2 = 3$ あまり $1.23$

3人に分けられて，

答え **1.23mあまる。**

83

---

P.84

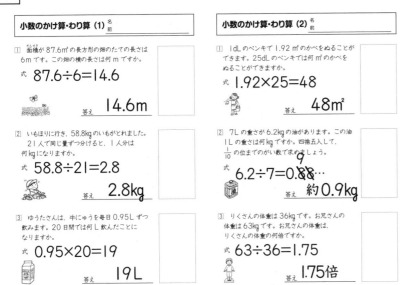

**小数のかけ算・わり算（1）** 名前

① 面積が87.6㎡の長方形の畑のたての長さは6mです。この畑の横の長さは何mですか。

式 $87.6 ÷ 6 = 14.6$  答え **14.6m**

② いもほりに行き，58.8kgのいもがとれました。21人に同じ量ずつ分けると，1人分は何kgになりますか。

式 $58.8 ÷ 21 = 2.8$  答え **2.8kg**

③ ゆうたさんは，牛にゅうを毎日0.95Lずつ飲みます。20日間では何L飲んだことになりますか。

式 $0.95 × 20 = 19$  答え **19L**

**小数のかけ算・わり算（2）** 名前

① 1dLのペンキで1.92㎡のかべをぬることができます。25dLのペンキでは何㎡のかべをぬることができますか。

式 $1.92 × 25 = 48$  答え **48㎡**

② 7Lの重さが6.2kgの油があります。この油1Lの重さは何kgですか。四捨五入して，$\frac{1}{10}$ の位までのがい数で求めましょう。

式 $6.2 ÷ 7 = 0.88…$  答え **約0.9kg**

③ りくさんの体重は36kgです。お兄さんの体重は63kgです。お兄さんの体重は，りくさんの体重の何倍ですか。

式 $63 ÷ 36 = 1.75$  答え **1.75倍**

84

---

P.85

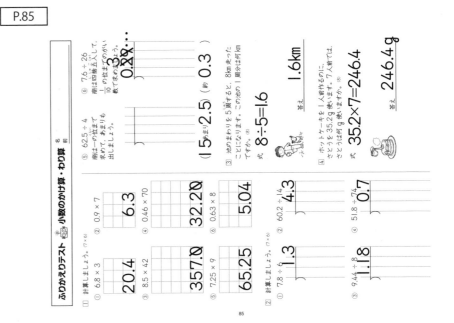

ふりかえりテスト　小数のかけ算・わり算　名前

① 計算しましょう。（わり切れるまで）

① 6.8 × 3 → **20.4**
② 0.9 × 7 → **6.3**
③ 8.5 × 42 → **357.0**
④ 0.46 × 70 → **32.20**
⑤ 7.25 × 9 → **65.25**
⑥ 0.63 × 8 → **5.04**

① 計算しましょう。（わり切れるまで）

⑦ 7.8 ÷ 4 → **1.3**
⑧ 60.2 ÷ 14 → **4.3**
⑨ 9.44 ÷ 8 → **1.18**
⑩ 51.8 ÷ 74 → **0.7**

② 商は四捨五入して，南は四捨五入し，$\frac{1}{10}$ の位までのがい数で数えて求めましょう。

⑦ 62.5 ÷ 4
⑧ 7.6 ÷ 26 → **0.29…（約0.3）**

商を一の位まで求めて，あまりも出しましょう。

⑥ 15 ÷ 2.5（15あまり2.5）（約0.3）

③ 池のまわりを5周すると，8km走ったことになります。この池のまわり1周分は何kmですか。

式 $8 ÷ 5 = 1.6$  答え **1.6km**

④ ホットケーキを1人前作るのに，ミックス粉を35.2g使います。7人前では，ミックス粉は何g使いますか。

式 $35.2 × 7 = 246.4$  答え **246.4g**

85

123

# 解答

## P.86

### 変わり方調べ（1）　名前

● 同じ長さのストローを使って，正方形をつくります。
正方形が1こ，2こ，3こ，…とふえると，ストローの数は
どう変わるか調べましょう。

① 正方形が3こ，4このときストローの数は何本ですか。

3こ　（ 10 ）本

4こ　（ 13 ）本

② 正方形の数とストローの数を表にまとめましょう。

| 正方形の数（こ） | 1 | 2 | 3 | 4 | 5 | 6 |
|---|---|---|---|---|---|---|
| ストローの数（本） | 4 | 7 | 10 | 13 | 16 | 19 |

③ 正方形の数が1こふえると，
ストローの数は何本ふえていますか。　（ 3 ）本

④ 正方形を8こ，10こつくるには，それぞれストローは何本
いりますか。

8こ（ 25 ）本　　10こ（ 31 ）本

### 変わり方調べ（2）　名前

● 長さ1cmのひごを使って，正三角形をつくります。
正三角形が1こ，2こ，3こ，…とふえると，まわりの長さは
どう変わるか調べましょう。

① 正三角形のこ数とまわりの長さの関係を表にまとめましょう。

| 正三角形の数（こ） | 1 | 2 | 3 | 4 | 5 | 6 |
|---|---|---|---|---|---|---|
| まわりの長さ（cm） | 3 | 4 | 5 | 6 | 7 | 8 |

② 正三角形のこ数を□こ，まわりの長さを○cmとして
式に表します。□に数を書きましょう。

$\square + \boxed{2} = \bigcirc$

③ 正三角形のこ数が9こ，12このとき，まわりの長さは
それぞれ何cmですか。

9こ　式 $9+2=11$　（ 11 ）cm

12こ　式 $12+2=14$　（ 14 ）cm

## P.87

### 変わり方調べ（3）　名前

● 1辺が1cmの正方形をならべて，かいだんの形をつくります。
1だん，2だん，…とだんの数がふえると，まわりの長さは
どう変わるか調べましょう。

1cm　1だん　2だん　3だん　4だん

① だんの数と正方形のまわりの長さを表にまとめましょう。

| だんの数（だん） | 1 | 2 | 3 | 4 | 5 | 6 |
|---|---|---|---|---|---|---|
| まわりの長さ（cm） | 4 | 8 | 12 | 16 | 20 | 24 |

② だんの数が1だんふえると，
まわりの長さは何cmずつふえますか。　（ 4 ）cm

③ だんの数を□だん，まわりの長さを○cmとして，
□と○の関係を式に表しましょう。

だんの数　　　　まわりの長さ

$1 \times \boxed{4} = 4$

$2 \times \boxed{4} = 8$

$\square \times \boxed{4} = \bigcirc$　式 $\boxed{\square \times 4 = \bigcirc}$

□に入る
決まった数は
何かな。

④ だんの数が12だんのとき，まわりの長さは何cmですか。

式 $12 \times 4 = 48$　（ 48 ）cm

### 変わり方調べ（4）　名前

● 下の図のように，正三角形の1辺の長さを1cm，2cm，3cm，…と
変えていくと，まわりの長さはどう変わるか調べましょう。

1cm　2cm　3cm

① 1辺の長さとまわりの長さを表にまとめましょう。

| 1辺の長さ（cm） | 1 | 2 | 3 | 4 | 5 | 6 |
|---|---|---|---|---|---|---|
| まわりの長さ（cm） | 3 | 6 | 9 | 12 | 15 | 18 |

② 1辺の長さが1cm長くなると，
まわりの長さは何cmずつふえますか。　（ 3 ）cm

③ 1辺の長さを□cm，まわりの長さを○cmとして，
□と○の関係を式に表しましょう。

式 $\square \times \boxed{3} = \bigcirc$

④ 1辺の長さが8cm，15cmのとき，まわりの長さは
それぞれ何cmですか。

8cm　式 $8 \times 3 = 24$　（ 24 ）cm

15cm　式 $15 \times 3 = 45$　（ 45 ）cm

## P.88

### 分数（1）　名前

① 次の⑦〜⑦の長さを分数で表しましょう。

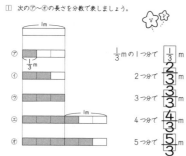

$\frac{1}{3}$mの1つ分で $\frac{1}{3}$ m

2つ分で $\frac{2}{3}$ m

3つ分で $\frac{3}{3}$ m

4つ分で $\frac{4}{3}$ m

5つ分で $\frac{5}{3}$ m

② 次の⑦，⑦の長さを分数で表しましょう。

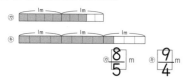

⑦ $\frac{8}{5}$ m　　⑦ $\frac{9}{4}$ m

### 分数（2）　名前

① 次の⑦〜⑦の長さを帯分数で表しましょう。

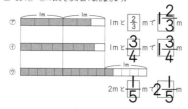

⑦ 1mと $\frac{2}{3}$ mで $2\frac{2}{3}$ m

⑦ 1mと $\frac{3}{4}$ mで $1\frac{3}{4}$ m

⑦ 2m $\frac{1}{5}$ mで $2\frac{1}{5}$ m

② 次の長さだけ色をぬりましょう。

⑦ $1\frac{1}{6}$ m

⑦ $1\frac{4}{5}$ m

③ 次の分数を真分数，仮分数，帯分数に分けましょう。

⑦ $\frac{5}{6}$　⑦ $\frac{7}{7}$　⑦ $1\frac{3}{8}$　⑤ $\frac{10}{3}$

真分数（ ⑦ ）　仮分数（ ⑦, ⑤ ）　帯分数（ ⑦ ）

## P.89

### 分数（3）　名前

① 次の長さは何mですか。仮分数と帯分数の両方で表しましょう。

① 仮分数 $\left(\frac{10}{6}\right)$ m　帯分数 $\left(1\frac{4}{6}\right)$ m

② 仮分数 $\left(\frac{4}{3}\right)$ m　帯分数 $\left(1\frac{1}{3}\right)$ m

② 次の水のかさは何Lですか。仮分数と帯分数の両方で
表しましょう。

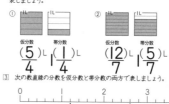

① 仮分数 $\left(\frac{5}{4}\right)$ L　帯分数 $\left(1\frac{1}{4}\right)$ L

② 仮分数 $\left(\frac{12}{7}\right)$ L　帯分数 $\left(1\frac{5}{7}\right)$ L

③ 次の数直線の分数を仮分数と帯分数の両方で表しましょう。

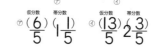

⑦ 仮分数 $\left(\frac{6}{5}\right)$　帯分数 $\left(1\frac{1}{5}\right)$

⑦ 仮分数 $\left(\frac{13}{5}\right)$　帯分数 $\left(2\frac{3}{5}\right)$

### 分数（4）　名前

① $\frac{7}{5}$ を帯分数になおしましょう。

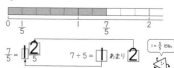

$\frac{7}{5} = 1\frac{2}{5}$　　$7 \div 5 = \boxed{1}$ あまり $\boxed{2}$

$1 = \frac{5}{5}$ だね。

② 次の仮分数を帯分数か整数で表しましょう。

① $\frac{9}{4}$ $2\frac{1}{4}$　② $\frac{27}{9}$ $3$　③ $\frac{13}{8}$ $1\frac{5}{8}$　④ $\frac{15}{6}$ $2\frac{3}{6}$

③ $2\frac{2}{3}$ を仮分数になおしましょう。

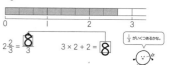

$2\frac{2}{3} = \frac{8}{3}$　　$3 \times 2 + 2 = \boxed{8}$

$\frac{1}{3}$ がいくつあるかな。

④ 次の帯分数を仮分数で表しましょう。

① $1\frac{1}{6}$ $\frac{7}{6}$　② $2\frac{3}{4}$ $\frac{11}{4}$　③ $3\frac{2}{5}$ $\frac{17}{5}$　④ $1\frac{5}{7}$ $\frac{12}{7}$

## P.90

### 分数（5）　名前

① 赤いテープが $\frac{10}{3}$ m，青いテープが $3\frac{2}{3}$ m あります。
どちらの方が長いですか。

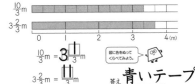

$\frac{10}{3}$ m ＝ $3\frac{1}{3}$ m

$3\frac{2}{3}$ m ＝ $\frac{11}{3}$ m

答え **青いテープ**

② □にあてはまる不等号を書きましょう。
① $1\frac{3}{5}$ ＜ $2\frac{4}{5}$
② $2\frac{6}{9}$ ＞ $\frac{18}{9}$
③ $\frac{20}{8}$ ＜ $2\frac{5}{8}$
④ $3\frac{5}{6}$ ＞ $\frac{21}{6}$

● 数の大きい方を通りましょう。下の□に通った方の分数を書きましょう。

① $\frac{9}{2}$　② $3\frac{3}{5}$　③ $2\frac{2}{7}$

### 分数（6）　名前

● 下の数直線をみて答えましょう。

① $\frac{1}{2}$ と大きさの等しい分数を書きましょう。

$\frac{2}{4}$ ， $\frac{3}{6}$ ， $\frac{4}{8}$ ， $\frac{5}{10}$

② □にあてはまる等号や不等号を書きましょう。
⑦ $\frac{1}{6}$ ＞ $\frac{1}{9}$
⑥ $\frac{2}{8}$ ＝ $\frac{1}{4}$
⑦ $\frac{3}{8}$ ＞ $\frac{3}{10}$

## P.91

### 分数（7）　名前
分数のたし算

① ジュースがビンに $\frac{3}{5}$ L，コップに $\frac{4}{5}$ L 入っています。
ジュースはあわせて何 L ですか。

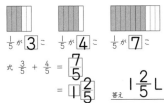

$\frac{1}{5}$ が 3 に　$\frac{1}{5}$ が 4 に　$\frac{1}{5}$ が 7 に

式 $\frac{3}{5} + \frac{4}{5} = \frac{7}{5}$

　　　　　 ＝ $1\frac{2}{5}$

答え $1\frac{2}{5}$ L

② 計算をしましょう。答えは帯分数か整数になおしましょう。
① $\frac{3}{7} + \frac{6}{7} = 1\frac{2}{7}$
② $\frac{4}{9} + \frac{8}{9} = 1\frac{3}{9}$
③ $\frac{7}{6} + \frac{4}{6} = 1\frac{5}{6}$
④ $\frac{4}{3} + \frac{5}{3} = 3$
⑤ $\frac{11}{5} + \frac{3}{5} = 2\frac{4}{5}$
⑥ $\frac{5}{4} + \frac{10}{4} = 3\frac{3}{4}$
⑦ $\frac{9}{8} + \frac{7}{8} = 2$
⑧ $\frac{8}{10} + \frac{13}{10} = 2\frac{1}{10}$

### 分数（8）　名前
分数のひき算

① オレンジジュースが $\frac{7}{5}$ L，りんごジュースが $\frac{3}{5}$ L あります。
ちがいは何 L ですか。

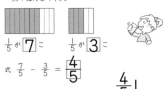

$\frac{1}{5}$ が 7 に　$\frac{1}{5}$ が 3 に

式 $\frac{7}{5} - \frac{3}{5} = \frac{4}{5}$

答え $\frac{4}{5}$ L

② 計算をしましょう。答えが整数になおせるものはなおしましょう。
① $\frac{10}{7} - \frac{6}{7} = \frac{4}{7}$
② $\frac{11}{8} - \frac{4}{8} = \frac{7}{8}$
③ $\frac{9}{2} - \frac{5}{2} = 2$
④ $\frac{13}{10} - \frac{8}{10} = \frac{5}{10}$
⑤ $\frac{12}{9} - \frac{5}{9} = \frac{7}{9}$
⑥ $\frac{16}{5} - \frac{1}{5} = 3$
⑦ $\frac{9}{6} - \frac{5}{6} = \frac{4}{6}$
⑧ $\frac{7}{4} - \frac{3}{4} = 1$

## P.92

### 分数（9）　名前
帯分数のたし算

① $2\frac{2}{5} + 1\frac{1}{5}$ の答えを図に色をぬって考えましょう。

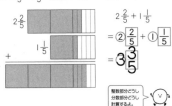

$2\frac{2}{5} + 1\frac{1}{5}$

＝（2＋ $\frac{2}{5}$ ）＋（1＋ $\frac{1}{5}$ ）

＝ $3\frac{3}{5}$

② 次の計算をしましょう。
① $1\frac{2}{6} + 2\frac{3}{6} = 3\frac{5}{6}$
② $2\frac{4}{9} + \frac{1}{9} = 3\frac{5}{9}$
③ $2\frac{3}{8} + 2\frac{4}{8} = 4\frac{7}{8}$
④ $4 + 1\frac{6}{7} = 5\frac{6}{7}$
⑤ $\frac{3}{10} + 2\frac{6}{10} = 2\frac{9}{10}$
⑥ $1\frac{5}{6} + 3 = 4\frac{5}{6}$

### 分数（10）　名前
帯分数のたし算

① $1\frac{3}{5} + 1\frac{4}{5}$ の計算をしましょう。

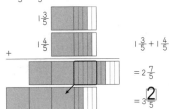

$1\frac{3}{5} + 1\frac{4}{5}$

＝ $2\frac{7}{5}$

＝ $3\frac{2}{5}$

② 次の計算をしましょう。
① $2\frac{3}{7} + \frac{6}{7} = 2\frac{9}{7} = 3\frac{2}{7}$
② $3\frac{2}{3} + 1\frac{1}{3} = 4\frac{3}{3} = 5$
③ $1\frac{7}{8} + 1\frac{5}{8} = 2\frac{12}{8} = 3\frac{4}{8}$
④ $2\frac{3}{4} + 1\frac{3}{4} = 3\frac{6}{4} = 4\frac{2}{4}$

## P.93

### 分数（11）　名前
分数のたし算

● 次の計算をしましょう。答えが帯分数になおせるものは
なおしましょう。

① $1\frac{2}{7} + 2\frac{3}{7} = 3\frac{5}{7}$
② $3\frac{5}{8} + \frac{2}{8} = 3\frac{7}{8}$
③ $5 + 1\frac{4}{9} = 6\frac{4}{9}$
④ $\frac{11}{10} + \frac{6}{10} = 1\frac{7}{10}$
⑤ $2\frac{5}{6} + 1\frac{4}{6} = 4\frac{3}{6}$
⑥ $1\frac{4}{5} + 2\frac{4}{5} = 4\frac{3}{5}$

● 答えの大きい方を通りましょう。下の□に通った方の答えを書きましょう。

① 2　② $3\frac{1}{12}$

### 分数（12）　名前
帯分数のひき算

① $2\frac{3}{5} - 1\frac{1}{5}$ の計算をしましょう。

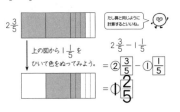

$2\frac{3}{5} - 1\frac{1}{5}$

＝（2＋ $\frac{3}{5}$ ）－（1＋ $\frac{1}{5}$ ）

＝ $1\frac{2}{5}$

② 次の計算をしましょう。
① $3\frac{6}{7} - 2\frac{2}{7} = 1\frac{4}{7}$
② $2\frac{2}{3} - 2 = \frac{2}{3}$
③ $2\frac{3}{4} - \frac{2}{4} = 2\frac{1}{4}$
④ $3\frac{5}{8} - 3\frac{1}{8} = \frac{4}{8}$
⑤ $4\frac{5}{6} - \frac{5}{6} = 4$
⑥ $3\frac{7}{9} - 2\frac{5}{9} = 1\frac{2}{9}$

## 解答

児童に実施させる前に，必ず指導される方が問題を解いてください。本書の解答は，あくまでも１つの例です。指導される方の作られた解答をもとに，本書の解答例を参考に児童の多様な考えに寄り添って○つけをお願いします。

### P.94

**分数 (13)** 帯分数のひき算　名前

1 $2\frac{2}{5}-1\frac{3}{5}$を計算しましょう。

㋐ $2\frac{2}{5}-1\frac{3}{5}=\frac{12}{5}-\frac{8}{5}=\frac{4}{5}$

㋑ $2\frac{2}{5}-1\frac{3}{5}=1\frac{7}{5}-1\frac{3}{5}=\frac{4}{5}$

2 次の計算をしましょう。答えが帯分数になおせるものはなおしましょう。

① $3\frac{3}{8}-2\frac{5}{8}=\frac{6}{8}$　② $2\frac{1}{7}-\frac{5}{7}=1\frac{3}{7}$

③ $3-\frac{5}{6}=2\frac{1}{6}$　④ $3\frac{1}{4}-1\frac{2}{4}=1\frac{3}{4}$

⑤ $2\frac{4}{9}-1\frac{7}{9}=\frac{6}{9}$　⑥ $5-2\frac{2}{3}=2\frac{1}{3}$

**分数 (14)** 分数のひき算　名前

● 次の計算をしましょう。答えが帯分数になおせるものはなおしましょう。

① $\frac{13}{7}-\frac{8}{7}=\frac{5}{7}$　② $3\frac{7}{8}-2\frac{2}{8}=1\frac{5}{8}$

③ $2\frac{1}{6}-2=\frac{1}{6}$　④ $1\frac{5}{10}-\frac{5}{10}=1$

⑤ $3\frac{5}{9}-1\frac{6}{9}=1\frac{8}{9}$　⑥ $2-1\frac{4}{5}=\frac{1}{5}$

● 答えの大きい方を通りましょう。下の□に通った方の答えを書きましょう。

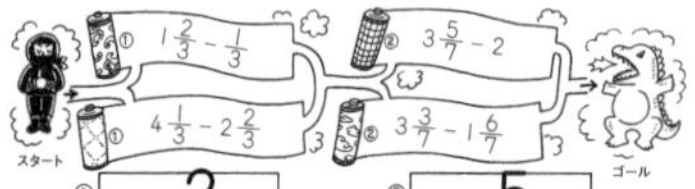


① $1\frac{2}{3}$　② $1\frac{5}{7}$



### P.95

**分数 (15)**　名前

● 答えが帯分数になおせるものはなおしましょう。

1 家から駅まで $2\frac{5}{6}$ km あります。$1\frac{1}{6}$ km 歩きました。のこりは何 km ですか。

式 $2\frac{5}{6}-1\frac{1}{6}=1\frac{4}{6}$　答え $1\frac{4}{6}$ km

2 $1\frac{7}{9}$ kg のりんごを $\frac{1}{9}$ kg のかごに入れました。全部で何 kg ですか。

式 $1\frac{7}{9}+\frac{1}{9}=1\frac{8}{9}$　答え $1\frac{8}{9}$ kg

3 牛にゅうが 2L あります。妹と２人で $1\frac{6}{8}$ L 飲みました。のこりは何 L ですか。

式 $2-1\frac{6}{8}=\frac{2}{8}$　答え $\frac{2}{8}$ L

**分数 (16)**　名前

● 答えが帯分数になおせるものはなおしましょう。

1 水そうに水が $1\frac{6}{7}$ L 入っています。そこへ，水を $1\frac{5}{7}$ L 入れました。水は全部で何 L ですか。

式 $1\frac{6}{7}+1\frac{5}{7}=3\frac{4}{7}$　答え $3\frac{4}{7}$ L

2 親犬の体重は $20\frac{3}{10}$ kg です。小犬の体重は $5\frac{7}{10}$ kg です。体重のちがいは何 kg ですか。

式 $20\frac{3}{10}-5\frac{7}{10}=14\frac{6}{10}$　答え $14\frac{6}{10}$ kg

● 答えの大きい方を通りましょう。下の□に通った方の答えを書きましょう。

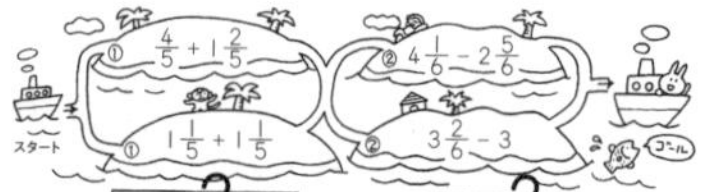


① $2\frac{2}{5}$　② $1\frac{2}{6}$



### P.96

**ふりかえりテスト 分数**　名前

1 次のかさは，何 L ですか。帯分数と仮分数で表しましょう。(5×2)

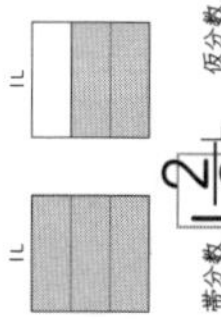

帯分数 $1\frac{2}{3}$ L　仮分数 $\frac{5}{3}$ L

2 下の数直線の分数を帯分数と仮分数で表しましょう。(5×4)

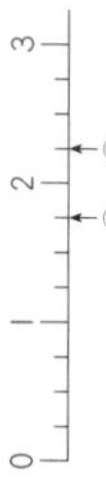

㋐ 帯分数 $(1\frac{3}{4})$　仮分数 $(\frac{7}{4})$

㋑ 帯分数 $(2\frac{1}{4})$　仮分数 $(\frac{9}{4})$

3 次の仮分数を帯分数か整数になおしましょう。(5×3)

① $\frac{16}{7}$ $(2\frac{2}{7})$　② $\frac{18}{5}$ $(3\frac{3}{5})$　③ $\frac{12}{3}$ $(4)$

4 次の帯分数を仮分数になおしましょう。(5×2)

① $1\frac{1}{4}$ $(\frac{5}{4})$　② $2\frac{3}{8}$ $(\frac{19}{8})$

5 次の計算をしましょう。答えが帯分数にできるものは帯分数になおしましょう。(6×6)

① $\frac{6}{8}+\frac{5}{8}=1\frac{3}{8}$

② $2\frac{4}{6}+3\frac{1}{6}=5\frac{5}{6}$

③ $1\frac{5}{7}+1\frac{4}{7}=3\frac{2}{7}$

④ $3\frac{9}{12}-\frac{5}{12}=3\frac{4}{12}$

⑤ $3-1\frac{8}{9}=1\frac{1}{9}$

⑥ $2\frac{3}{10}-1\frac{5}{10}=\frac{8}{10}$

6 ポットにお茶が $2\frac{1}{4}$ L 入っています。そのうち，$\frac{3}{4}$ L 飲みました。のこりは何 L ですか。(9)

式 $2\frac{1}{4}-\frac{3}{4}=1\frac{2}{4}$　答え $1\frac{2}{4}$ L



### P.97

**直方体と立方体 (1)**　名前

1 次の□にあうことばを下の□からえらんで書きましょう。

① 長方形だけで囲まれている形や，長方形や正方形で囲まれた形を **直方体** といいます。

② 正方形だけで囲まれている形を **立方体** といいます。

③ 立方体・直方体の面のように，平らな面を **平面** といいます。

立方体　直方体　平面

2 直方体・立方体の面の数，辺の数，頂点の数を調べ，下の表にまとめましょう。

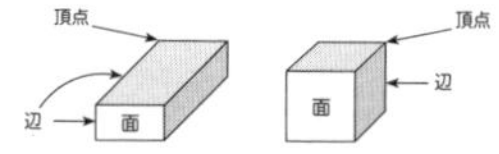


| | 面の数 | 辺の数 | 頂点の数 |
|---|---|---|---|
| 直方体 | 6 | 12 | 8 |
| 立方体 | 6 | 12 | 8 |

**直方体と立方体 (2)**　名前

● 次の直方体と立方体の展開図の続きをかきましょう。

① 直方体

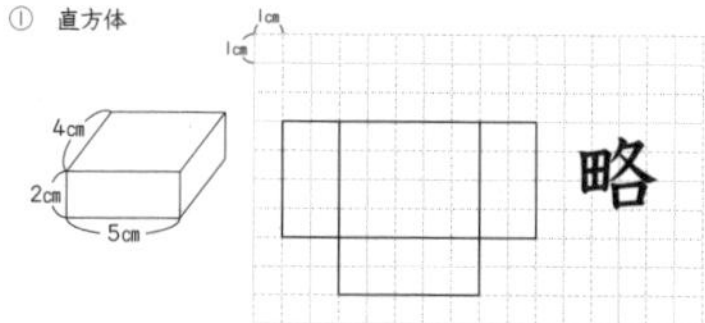


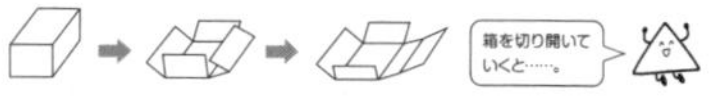


② 立方体

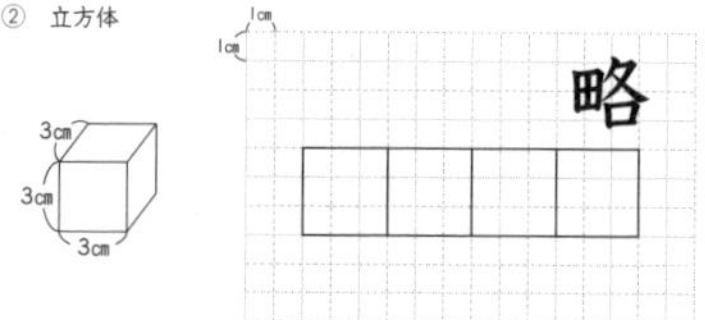

児童に実施させる前に，必ず指導される方が問題を解いてください。本書の解答は，あくまでも１つの例です。指導される方の作られた解答をもとに，本書の解答例を参考に児童の多様な考えに寄り添って○つけをお願いします。

## P.98

### 直方体と立方体（3） 名前

① 右の直方体の展開図を組み立てます。

① 点シと重なる点は，どれとどれですか。

点（ **コ** ）点（ **カ** ）

② 辺エオと重なる辺は，どれですか。

辺（ **イア** ）

② 次のア〜ウで直方体の正しい展開図に○をしましょう。

（ウに○）

③ 次のア〜ウで立方体の正しい展開図に○をしましょう。

（イに○）

### 直方体と立方体（4） 名前

① 次の直方体で，面あ，面え，面おと平行な面をそれぞれ答えましょう。

面あと平行　面え と平行　面お と平行
面（ **う** ）　面（ **い** ）　面（ **お** ）

向かい合った面は平行だよ。

② 次の直方体で，面あと垂直な面をすべて答えましょう。

面（ **い** ）面（ **お** ）
面（ **か** ）面（ **え** ）

となり合った面は垂直だよ。

③ 次の立方体で，面おと平行な面，面うと垂直な面をそれぞれ答えましょう。

面おと平行　面（ **か** ）
面うと垂直　面（ **い** ）面（ **え** ）面（ **か** ）面（ **お** ）

## P.99

### 直方体と立方体（5） 名前

① 次の直方体で，辺カキに平行な辺を答えましょう。

辺（ **アエ** ）
辺 **イウ**
辺 **オク**

同じ向きの辺はどれかな？

② 次の直方体で，辺アイに垂直な辺を答えましょう。

辺（ **アエ** ）辺 **イウ**
辺 **アオ** 辺 **イカ**

１つの辺に対して垂直な辺は４本あるよ。

③ 次の立方体で，辺エクと平行な辺を答えましょう。また，辺イウと垂直な辺を答えましょう。

辺エクと平行
辺（ **アオ** ）辺 **イカ**
辺（ **ウキ** ）
辺イウと垂直
辺（ **イア** ）辺 **ウエ**
辺（ **イカ** ）辺 **ウキ**

### 直方体と立方体（6） 名前

① 次の直方体で，面アイウエと平行な辺を答えましょう。

辺（ **オカ** ）
辺（ **カキ** ）
辺（ **キク** ）
辺（ **クオ** ）

面アイウエと平行な辺は面オカキクだから…

② 次の直方体で，面オカキクと垂直な辺を答えましょう。

辺（ **オア** ）辺 **イ**
辺（ **カイ** ）辺 **ウ**
辺（ **キウ** ）辺 **エ**
辺（ **クエ** ）

③ 次の立方体で，面ウキクエと平行な辺を答えましょう。また，面イカキウと垂直な辺を答えましょう。

面ウキクエと平行
辺（ **イカ** ）辺 **カオ**
辺（ **オア** ）辺 **アイ**
面イカキウと垂直
辺（ **イア** ）辺 **カオ**
辺（ **キク** ）辺 **ウエ**

## P.100

### 直方体と立方体（7） 名前

① 下のような直方体と立方体の見取図の続きをかきましょう。

① 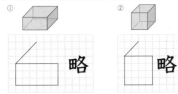 略
② 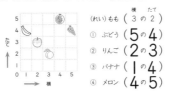 略

② たて4cm，横3cm，高さ3cmの直方体があります。見取図と展開図の続きをかきましょう。

見取図 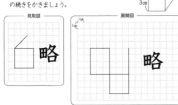 略
展開図  略

### 直方体と立方体（8） 名前

① 次の果物の位置を（れい）にならって書きましょう。

（れい）もも（ 3 の 2 ）
① ぶどう（ 5 の 4 ）
② りんご（ 2 の 3 ）
③ バナナ（ 1 の 4 ）
④ メロン（ 4 の 5 ）

② 下の図で，点アの位置をもとにして，点イ，ウ，エの位置を横とたての長さで表しましょう。

点ア（ 横 0 m，たて 0 m）
点イ（ 横 2 m，たて 3 m）
点ウ（ 横 3 m，たて 1 m）
点エ（ 横 4 m，たて 4 m）

## P.101

### 直方体と立方体（9） 名前

● 下の図で，点アの位置をもとにして，動物の位置を横とたてと高さで表しましょう。

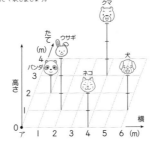

犬 （ 横 6 m，たて 1 m，高さ 2 m）
ネコ （ 横 4 m，たて 0 m，高さ 2 m）
パンダ （ 横 1 m，たて 2 m，高さ 1 m）
ウサギ （ 横 2 m，たて 1 m，高さ 3 m）
クマ （ 横 4 m，たて 3 m，高さ 3 m）

### 直方体と立方体（10） 名前

① 下の直方体で，頂点アの位置をもとにして，ほかの頂点の位置を表しましょう。

頂点キ
（ 横 6 cm，たて 3 cm，高さ 4 cm）
頂点エ
（ 横 0 cm，たて 3 cm，高さ 0 cm）
頂点ウ
（ 横 6 cm，たて 3 cm，高さ 0 cm）
頂点カ
（ 横 6 cm，たて 0 cm，高さ 4 cm）

② アのように点をとり，アからじゅんに点を直線でつなぎましょう。

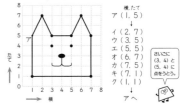

ア（1，5）
↓
イ（2，7）
ウ（3，5）
エ（5，5）
オ（6，7）
カ（7，5）
キ（7，1）
ク（1，1）

さいごに（3，4）と（5，4）に点をうとう。

P.102

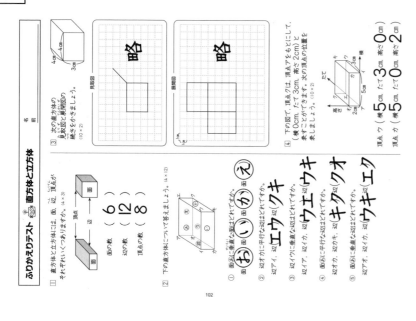

102

<br>

## 新版　教科書がっちり算数プリント
### スタートアップ解法編　4年　ふりかえりテスト付き
解き方がよくわかり自分の力で練習できる

2021年1月20日　第1刷発行

企画・編著：　原田 善造（他12名）
編 集 担 当：　桂 真紀
イ ラ ス ト：　山口 亜耶 他

発 行 者：　岸本 なおこ
発 行 所：　喜楽研（わかる喜び学ぶ楽しさを創造する教育研究所）
　　　　　　　〒604-0827　京都府京都市中京区高倉通二条下ル瓦町 543-1
　　　　　　　TEL　075-213-7701　FAX　075-213-7706
　　　　　　　HP　http://www.kirakuken.jp/
印　　　刷：　株式会社米谷

ISBN:978-4-86277-318-0

Printed in Japan